景山寿皇殿
大修实录

北京市景山公园管理处
天津大学建筑学院 编著

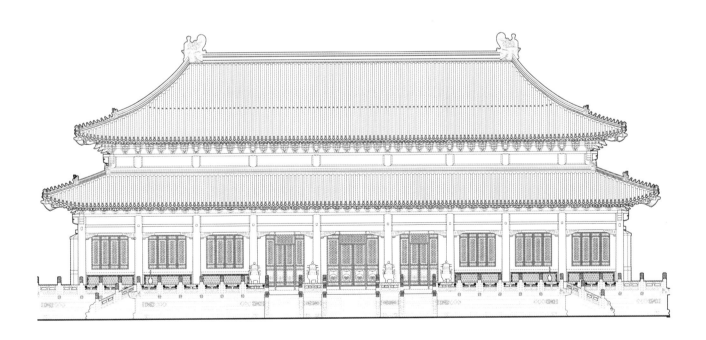

天津大学出版社
TIANJIN UNIVERSITY PRESS

图书在版编目（CIP）数据

景山寿皇殿大修实录 / 北京市景山公园管理处，天津大学建筑学院编著 . –– 天津：天津大学出版社，2021.11
　　ISBN 978-7-5618-6827-0

　　Ⅰ . ①景… Ⅱ . ①北… ②天… Ⅲ . ①景山 – 宫殿 – 修缮加固 – 研究 Ⅳ . ① TU746.3

　　中国版本图书馆 CIP 数据核字 (2020) 第 225383 号

策划编辑　徐　阳
责任编辑　徐　阳
装帧设计　周悦煌　谷英卉

JINGSHAN SHOUHUANGDIAN DAXIU SHILU

出版发行	天津大学出版社	
地　　址	天津市卫津路 92 号天津大学内（邮编：300072）	
电　　话	022–27403647	
网　　址	www.tjupress.com.cn	
印　　刷	北京华联印刷有限公司	
经　　销	全国各地新华书店	
开　　本	889mm×1194mm　1/16	
印　　张	16.5	
字　　数	387 千	
版　　次	2021 年 11 月第 1 版	
印　　次	2021 年 11 月第 1 次	
定　　价	180.00 元	

《景山寿皇殿大修实录》编纂委员会

编委会主任： 丛一蓬　王其亨　陈志强

编　　　著： 张凤梧　宋　恺　都艳辉

编委会委员： （按姓氏笔画排序）

丁　垚　王　健　王　婧　白成军　朱　蕾　刘曌星

杨　菁　吴　葱　何蓓洁　汪　兵　张　龙　张春彦

陈艳红　周悦煌　郭　倩　曹　鹏

前　言

　　寿皇殿建筑群位于北京景山正北，始建于明代万历年间，原在景山东北，清乾隆时期将旧殿拆除，改建在紫禁城中轴线正北，是供明、清两代皇帝停灵、存放遗像和祭祖的重要场所，即"神御殿"，与太庙、圆明园安佑宫格局形制基本相同。寿皇殿建筑群占地面积约22740m²。建筑面积3797.68m²，东西宽141.38m，南北长151.86m，包括寿皇殿、寿皇门、衍庆殿、绵禧殿、东西碑亭、东西配殿、东西燎炉、东西值房、井亭、宰牲亭、神厨、神库等共计16座主要建筑，以及内外院宫墙、宫门、角门及随墙门等附属建筑。1956年至2013年，寿皇殿建筑群作为北京市少年宫活动场所使用，2013年末，少年宫腾退搬出。随着北京市中轴线申遗工作的全面展开，寿皇殿的原貌得以恢复。2001年景山及所包含的寿皇殿建筑群被列入第五批全国重点文物保护单位。景山公园地处北京城的中轴线上，景山是北京城的最高点，是故宫的重要组成部分，位于皇城历史保护区内，是皇城的主要景观和最具有历史文化价值的组成部分之一，是明、清两代皇宫的屏障，有数百年历史。景山是北京市中心区南北中轴线上面积最大、历史最悠久的皇家御苑，也是明、清北京中轴线上的重要节点。寿皇殿建筑群是景山最重要、最核心的主体建筑群，也是景山北部建筑群的重要组成部分，具有唯一性和不可替代性，更具有极高的历史、艺术、科学和社会价值。

　　寿皇殿建筑群总体格局基本保持历史原状。院落环境符合皇家规制，植物以常绿树桧柏为主，突出庄严肃穆的气氛。少年宫在使用期间，根据少年儿童使用要求对环境进行改造，增加了景观植物、临建及构筑物，院落铺装已非原制。文物建筑本体局部人为改动较大，地面、墙体及装修都有不同程度的拆改。2013年底北京市少年宫将寿皇殿院落腾空，交由景山公园管理处，这为寿皇殿建筑群的修缮工作创造了积极条件。

回溯寿皇殿建筑群的营修历史：1948年，德源营造厂承接寿皇殿修缮工程；新中国成立后，1959年对寿皇殿建筑群进行全面修缮，1983年景山公园对失火焚毁的寿皇门进行了复原，2002年、2003年先后对大墙、衍庆殿及东西碑亭进行了修缮。

2016年开始的修缮工程是近60年来对寿皇殿建筑群进行的最系统、最全面的一次整修。修缮工程主要工作包括：修缮建筑本体屋面、木基层、台基、地面、墙体、装修以及油饰彩画等部位；依据历史原貌部分恢复新中国成立后改变的建筑做法；按同时期样式、纹饰恢复寿皇殿彩画；更新改造避雷、安防、消防等基础设施；对室外露陈进行专项整修保护，等等。工程遵照不改变文物原状、不破坏文物价值、最大保留和最小干预的原则，保留了寿皇殿建筑群的建筑式样、不同时期的构造特点和历史遗存。

文物保护工程是恢复文物本体健康、延续文物生命的重要举措，也是深入了解文物历史的一次重要机会，因此，跟踪修缮过程，准确记录工艺、做法以及特有信息显得尤为重要。2003年施行的《文物保护工程管理办法》规定，"所有工程资料应当立卷存档并归入文物保护单位记录档案，重要工程应当在验收后三年内发表技术报告"；《北京景山文物保护规划（2016-2035）》提出要"加强遗产档案、工程、监测记录"。为落实以上文件中提出的要求，在寿皇殿文物修缮工程中，景山公园管理处联合天津大学建筑学院，借少年宫腾退修缮之机，系统地对寿皇殿进行了三维激光扫描，开展了历史变迁与营建过程、石质文物等方面的专项研究，希望通过这些科研工作的开展，完善寿皇殿遗产保护体系，为推动文化遗产保护信息化、规范化作出贡献。

值此寿皇殿竣工并重启开放之际，景山公园管理处与天津大学建筑学院携手将这次修缮工程、历史与科技保护的研究初步成果结集成册，请各位专家、同行不吝指正！

北京市景山公园管理处

天津大学建筑学院

2021年11月

目 录

目 录

寿皇殿组群全景

寿皇殿大殿

寿皇殿大殿

寿皇殿大殿室内

寿皇殿大殿室内

寿皇殿大殿室内

寿皇门

寿皇门

寿皇门

寿皇门牌匾

绵禧殿

衍庆殿

东碑亭

东配殿

西井亭

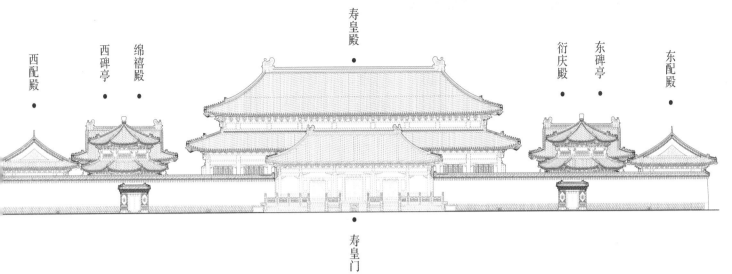

西配殿

西碑亭

绵禧殿

寿皇殿

衍庆殿

东碑亭

东配殿

寿皇门

第一章 历史沿革

Chapter 1 Historical Evolution

　　明代寿皇殿始建于万历三十年（1602年）以前，于万历三十八年（1610年）添匾。整体坐于万岁山及百果园之后，未予坐中。组群环以方形围墙，主要由万福阁、臻禄堂、寿皇殿等殿座楼阁组成，重点承担皇家游赏的功能；清帝入关以后，直至乾隆初年，寿皇殿一直保持着原有格局，其间历经多次修缮装修，成为奉祀大行皇帝梓宫圣容的场所，这为之后的建筑移建奠定了先决条件。

　　The Pavilion of Imperial Longevity in Ming Dynasty was built before the thirtieth year of Wanli (1602). In the thirty-eighth year of Wanli (1610), a plaque was added to the temple. The whole building was located behind Longevity Hill and Baiguo Garden. The group was surrounded by a square wall, which was mainly composed of Wanfu Pavilion, Zhenlu Hall, Pavilion of Imperial Longevity, and so on, focusing on the function of royal appreciation. After the emperor of Qing Dynasty entered the customs, until the early years of Emperor Qianlong's reign, the buildings still maintained the original pattern, during which they had been repaired and decorated for many times, and gradually became a place to worship the coffins and portraits of the emperor who had not yet been buried, and laid a prerequisite for the subsequent construction of the buildings.

第一章 历史沿革

执笔人：张凤梧　周悦煌

第一节 选址与始建

寿皇殿在历史发展过程中主要经历了两个重要阶段：一是明代始建，并一直沿用至清乾隆初年，建筑格局未发生太大变动；二是清乾隆十四年（1749年）进行大规模移建，逐渐形成现有格局并延续至今。寿皇殿的重新营建，不仅是乾隆朝的一项重大工程活动，更是清代北京皇城整体规划的关键一环。

明代寿皇殿坐落于万岁山（今景山）之北，北中门之南，整体位于紫禁城轴线偏东一侧，为一处完整的建筑群[1]。清康熙八年（1669年）《皇城宫殿衙署图》清晰绘制了当时寿皇殿建筑群的整体格局（图Y1-1-1），其规模宏大，为单重围墙格局。院内建筑类型较多，主体建筑寿皇殿、臻禄堂、万福阁由南至北在中轴线上一字排开，形成较典型的"前殿后阁"平面格局；臻禄堂左右两侧分列聚仙室和集仙室；万福阁东西依靠飞

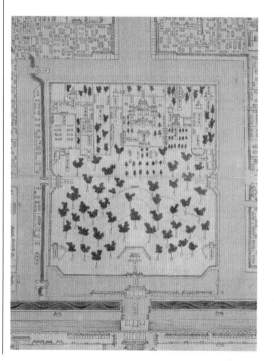

廊同永康阁、延宁阁相连；三组建筑整体形成倒三角形平面形式，以求平衡。由各建筑所在位置与名称联系可知：万福阁位于组群最北端，与北极紫微大帝所处方位相呼应；臻禄堂居中，同文曲星一样起衔接作用；寿皇殿坐落于最南端，与南极星相对应。由此实现了建筑名称与位置布局的逻辑对应关系，体现了"道法自然"的思想。

寿皇殿作为明代帝王永驻长寿愿望的寄予之地，并没有十分明确的功能定位。清乾隆朝《御制重建寿皇殿碑文》中记有："盖寿皇在景山东北，本明季游幸之地。"由此可看出寿皇殿当时具有游赏功能。

关于寿皇殿的始建年代，《大明实录》及《明会典》中均未见记载，其他明清古籍中有所记录，但出入较大。

明刘若愚所著《酌中志》第十七卷大内规制纪略中记有寿皇殿建于明万历三十年（1602年）："北中门之南曰寿皇殿，右曰育秀亭，左曰毓秀馆，后曰万福阁。俱万历三十年春添盖，曰北果园。"

清缪荃孙在《明故宫考》中记载，寿皇殿始建于明万历十三年（1585年），与其同时建造的还有万福阁、臻福堂、永康阁、聚仙室等。

分析两部书中的内容，《酌中志》批注称其添盖年代仅在海山本中有所记录[2]，其余信息未予以说明；《明故宫考》中所载未进行文献考证。

在近代著作中，朱偰的《昔日京华》认同《酌中志》中的记载；单士元《明北京宫苑图考》一书中虽未对寿皇殿始建年代作出定论，但却明确指出万福阁、臻福堂、聚仙室等建置年代为"万历三十年闰二月初八日添盖"[3]，寿皇殿建造年代应与其接近。

由上可知，明代寿皇殿始建年代应不晚于万

历三十年（1602年）。另《春明梦余录》记载，寿皇殿于万历三十八年（1610年）六月二十九日添匾[4]。可见寿皇殿自建成之后经过完善，到万历中后期逐渐发展成熟，最终形成稳定格局。

第二节　明代格局

康熙八年（1669年）《皇城宫殿衙署图》记录了明代万岁山的整体格局，与《日下旧闻考》所引文献内容逐一比对可发现以下区别[5]：①景山[6]西北偏隅仅存景明馆，未见明时兴庆阁；②西北部整体加建改建情况较多，从文献记载判断，图中莺房所在区域应为明代乾佑阁、嘉禾馆、乾佑门，其余如水库房、土地庙、家鸡房等均属后期添建；③康熙时寿春亭应为明代玩芳亭，亦可称酙景亭、毓秀亭，四者应是同一座建筑，清代观花亭应为明代的观花殿；④明代寿春亭左为毓秀馆，右为长春亭，但在康熙时期仅存寿春亭；⑤康熙朝万春楼在方位上应同明代酙春楼，亦可称兴隆阁，由此推断明代兴庆阁与兴隆阁应为形制相同的对称建筑；⑥明代观德殿左尚有永寿殿，但在康熙时期却仅剩永寿门而未见大殿，见图Y1-2-1。整体来看，至康熙八年（1669年）止，景山东北、西北处格局进行了较大调整，以寿皇殿为主体的建筑群未做改动，只在组群院落西南角处添建龙王庙一座。

建筑形制方面，可从《皇城宫殿衙署图》略加考证。寿皇殿上覆单檐歇山顶，面阔五间，坐于低矮台基上，清乾隆《御制重建寿皇殿碑文》对明代建筑形象略有提及："而岁时朔望来礼寿皇，聿瞻殿宇，岁久丹雘弗焕，且为室仅三。"从中可知，明代寿皇殿面阔仅为三间，与图中所绘五间略有出入，推测当时的寿皇殿或为正身三间，两山出廊或做周围廊的建筑，也存在其他可能。分析《皇城宫殿衙署图》可知，其中所绘的建筑立面均未带廊，如太和殿加廊应为面阔十一间，但图中只画九间，太庙前殿也只画九楹，

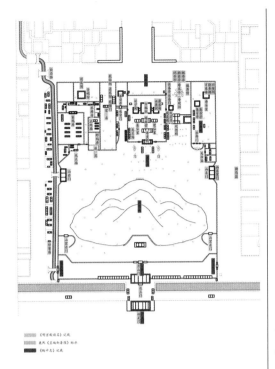

图Y1-2-1 明代景山格局图（依据康熙朝《皇城宫殿衙署图》绘制）

而且从寿皇殿组群中南向院门同为五开间的信息来看，寿皇殿理应为五开间不加廊建筑。因此，《御制重建寿皇殿碑文》中所说"为室仅三"可能有臆造的成分，乾隆皇帝想以此来强化自己重建寿皇殿的理由也未可知。这样来看，后一种可能性更大。寿皇殿后为臻禄堂，二者同为五开间单檐歇山建筑，后者较前者更高[7]，规模更大，同时在臻禄堂左右各建一座面阔三间的单檐歇山偏殿，加强了建筑的气势与地位。组群最北端为整个轴线上的高潮万福阁，为重檐楼阙，上下各开五间，屋面做歇山顶，两侧依靠飞廊与永康阁、延宁阁相接，气势恢宏，峥嵘崔嵬，十分符合皇家宫苑的气派。正如《日下旧闻考》卷二十"国朝宫室"对雍和宫中万福阁的描述"法轮殿后为万福阁，东为永康阁，西为延宁阁，阁后为绥成殿"，这样的建筑布局及命名方式与明代寿皇殿中的万福阁完全一致。另据《清代雍和宫档案史料》中的相关满文奏折记载[8]（图Y1-2-2）：

"乾隆十三年二十日，内务府衙门交付该处三和大臣，拆景山内万福阁移建于雍和宫，拆后将木、砖、瓦、石等物件运至雍和宫，景山后墙

开一门，运出诸物件，将此交付该处派守卫，章京批甲本月二十一日开始守卫。等因为此交付：奉宸苑笔帖式元保，都虞司笔帖式八格，抄出处理。"[9]

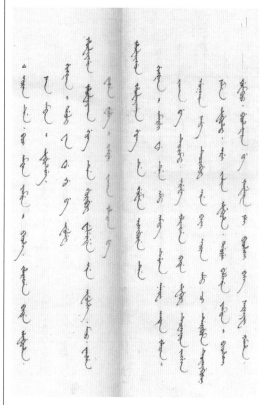

图Y1-2-2 移建景山万福阁于雍和宫满文奏折（引自《清代雍和宫档案史料》第五册第86—87页）

从中可以得知，至迟在乾隆十三年（1748年）十月以前，乾隆皇帝已经开始谋划重建寿皇殿，其在景山后墙偏东位置另辟一门，由此运输建筑材料，为寿皇殿的移建提供了便利，大大缩短了工程周期；同时将景山万福阁移建于雍和宫，避免重复设计，尽可能减少工料浪费，使雍和宫的佛教空间布局更趋完整。

通过雍和宫万福阁的形象可以大致推测明代景山万福阁的单体形制：建筑整体为二层楼三重檐[10]，上覆黄琉璃瓦歇山顶，底层和平坐层均为五开间周围廊，这正符合《皇城宫殿衙署图》中仅画五间的建筑立面形象，各开间大小变化明显，疏密有致，枋上绘彩画，廊柱间做雀替，底层中间三间做菱花隔扇，两稍间为槛窗，平坐层栏板下刻画如意纹。高敞的楼阁在室外加通廊，既利于观景，也符合游幸的使用需求。

另外，寿皇殿组群虽规模宏大，却偏离北京城中轴线东侧数米，这既与建筑功能定位有关，也与营建策划者万历皇帝的性格和行事风格有关。万历皇帝没有魄力去改变先帝定下来的城市轴线格局，只能在有限的空间内实现最宏大的视觉效果。

第三节　修缮与营建

从清帝入关到准备移建长达一百多年的时间里，寿皇殿建筑群始终维持明代的建筑格局，形制未做更改。顺治之后，寿皇殿的使用功能得到强化，从最初短暂停留顺治皇帝棺椁，到雍正皇帝开始在殿中供奉皇祖皇考圣像，再经乾隆皇帝不断宣扬造势，最终由一座普通的园林观景建筑群发展成为清代营建的地位最高、最具代表性的皇家祖庙。

在已知资料中，最早有关寿皇殿修缮的记录记载于康熙十九年（1680年），其中主要探讨修造钱粮问题[11]，未过多描述具体细节，但因主管官员的玩忽职守被迫叫停，这也是康熙年间仅有的一次修缮记录。

雍正元年（1723年）对寿皇殿室内装饰进行替换翻新。后因地震于雍正十年（1732年）陆续对寿皇殿前殿和后殿进行重新整修[12]。前殿具体修理时间无法确定；后殿自五月二十五日开始历时三个月兴修告竣，室内陈设绸幔一并换新。雍正十三年（1735年）又在组群内添置了木海、花桶等物，陈设渐次完善[13]。

乾隆初年陆续对寿皇殿进行了几次营缮活动[14]。乾隆元年（1736年），为恭请圣祖仁皇帝圣像宝塔，对寿皇殿进行修饰。乾隆三年（1738年），随帝后圣像逐次增多，保和殿空间渐显不足，乾隆皇帝便命将历代帝后圣像移奉于寿皇殿后的万福阁中，同时进行室内龛格安装，以此解决御像安奉收贮问题[15]。这样一来终于将寿皇殿各主体建筑充分利用起来，为日后的移建埋下了伏笔。

乾隆十四年（1749年），明代寿皇殿被拆除并移建至现在位置，据《日下旧闻考》记载："景山后为寿皇殿。（臣等谨按）寿皇殿旧在景山东北，乾隆十四年上命移建。"[16]在《御制重建寿皇殿碑文》中表明了乾隆皇帝移建的本意：

"予小子既敬循寿皇殿之例，建安佑宫于圆明园，以奉皇祖、皇考神御。重垣广墀，戟门九室，规模略备。而岁时朔望来礼寿皇，聿瞻殿宇，岁久丹臒弗焕，且为室仅三，较安佑翻逊巨丽，予心歉焉。盖寿皇在景山东北，本明季游幸之地，皇祖常视射较士于此。我皇考因以奉神御，初未择山向之正偏，合网宫之法度也。乃命奉宸发帑，鸠工庀材，中峰正午，砖城戟门，明堂九室，一仿太庙而约之。盖安佑视寿皇之义，寿皇视安佑之制。于是宫中苑中皆有献新追永之地，可以抒忱，可以观德，传不云乎！歌于斯，哭于斯。则寿皇实近法宫，律安佑为尤重。若夫敬奉神御之义，则见于安佑宫碑记，兹不复述。惟述重建本意及兴工始末岁月，盖经营于己巳孟春，而落成于季冬上浣之吉日云。"[17]

同时由上可知，清代寿皇殿始建于乾隆十四年（1749年）正月，而竣工于当年腊月，整个工程在将近一年的时间内初步完成。

通过后续档案奏折可以大致了解工程进展：

二月初三日，开始着手筹划龟趺石碑等所需石料的采集运输工作[18]；

四月初七日，核算组群所用金砖数量及钱价[19]；

九月十五日，定为寿皇殿上梁吉期[20]；

九月十七日，大殿已锭（钉）椽望，并做苫背，天花以下大木披灰，戟门苫背，柱木披灰，东配殿拢安斗科，西配殿竖立大木，碑亭二座亦竖立大木，砖城门瓦片宾完[21]；

乾隆十五年（1750年）四月二十八日迎吻，五月初一日安吻[22]。

从安装正吻情况来看，寿皇殿整体工程施工

进度似乎有所延缓，碑文描述的信息应为主体建筑落成的时间，整体工程在第二年上半年全部竣工。《清乾隆内府绘制京城全图》中反映了当时的组群格局，如图Y1-3-1。

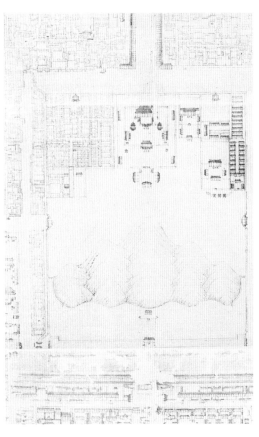

图Y1-3-1 乾隆十五年景山寿皇殿组群图（摘自《清乾隆内府绘制京城全图》）

乾隆十五年（1750年）六月在大殿东西两侧又添建了两座歇山正殿[23]，遂形成了清代寿皇殿的最终格局。

乾隆十九年（1754年），为进一步提升组群环境氛围，又在内院添安二十八座石树池，其中大树池二十六座，主要位于大殿和寿皇门之间御道两侧、东西碑亭与院墙间的空地；小树池两座位于大殿月台前踏跺两侧[24]。

《国朝宫史》对当时的组群布局有详细描述：

"寿皇殿旧在景山东北，乾隆十四年上命移建。南临景山中峰，殿门外正中南向宝坊一，前额曰显承无斁，后曰昭格惟馨。左右宝坊各一，左之前额曰绍闻祇遹，后曰继序其皇，右之前额曰世德作求，后曰旧典时式。北为砖城门三，门前石狮二，门内戟门五楹。大殿九室，规制仿太庙，左右山殿各三楹，东西配殿各五楹，碑亭、井亭各二，神厨、神库各五。殿内敬奉圣祖仁皇帝、世宗宪皇帝御容，皇上岁时瞻礼于此。并自体仁阁恭迎太祖高皇帝、太宗文皇帝、世祖章皇帝暨列后圣容，敬谨尊藏殿内，岁朝则展奉合祀，肃将裸献，以昭诚悫云。"[25]

乾隆十五年（1750年）十二月初三日《奏销档》补充了城门及砖墙信息：

"……遵旨敬修寿皇殿大殿一座，龙龛九座，戟门一座，配殿二座，碑亭二座，神厨、神库二座，焚帛炉二座，井亭二座，四柱九楼牌楼三座，月台一座，建立石碑二统，石狮二座，砖城门三间，琉璃花门六座，值房二座，成砌墙垣二百四丈，随墙门口二座……"[26]

另外《钦定大清会典图·卷九·礼九·祀典九》中对寿皇殿各单体特征有更详细的描述：

"寿皇殿在神武门内景山正中，南对景山，一仿太庙制而约之，朱门丹臒，缭以重垣制方，外琉璃砖门三间，左右门各一，内戟门一座，五间崇基石栏，前后均三出陛，中为蟠陛，各九级，左右门各一，均南向，大殿九室，南向重檐，外为行廊，前为月台，台上铜炉四，周以石栏，正南三出陛，中为蟠陛，各十二级，东西各一出陛，均十二级，东西庑各五间，东西向，耳殿各三间，东为衍庆殿，西为绵禧殿，均南向，又左右碑亭二，又焚帛黄色琉璃燎炉二，戟门外阶下左右铜狮各一，东为神库五间西向，西为神厨五间东向，左右井亭各一，砖门外左右石狮各一，四柱九楼宝坊三，南一居中，东西各一左右列，砖门前为甬道，东连景山东门，西连景山西门，又南东西各连景山正门。"[27]

移建后的寿皇殿一直作为供奉列帝、列后圣像御容的场所。乾隆朝，大殿仅安奉圣祖仁皇帝、世宗宪皇帝圣像。乾隆朝后，历代帝王依昭穆之制逐次添加安奉，其他列圣、列后御容则只在元旦、除夕两日悬挂，日常祭礼时均不取出。

其中，太祖高皇帝、太宗文皇帝、世祖章皇帝三位先帝的圣像贮藏于衍庆殿，其他列后御容则尊藏于神厨中。

第四节　整修与保护

乾隆十四年（1749年）三月至乾隆十五年（1750年）六月寿皇殿营建完成，除随即新建衍庆、绵禧二殿外，整体工程施工完成度很高，基本无修改，是十分成熟的祭祀组群设计案例。但如此浩大的工程在短短十几个月内便施工完成，难免存有纰漏，后续曾进行多次较大规模的修缮，其中主要对象以大殿和三座牌楼为主：

乾隆十四年（1749年）寿皇殿建造完竣；

乾隆二十七年（1762年）对东西两座牌楼夹杆柱木全部换新，同时添安戗木以加固支撑，南牌楼添安戗木并拆宽[28]；

乾隆二十八年（1763年）对大殿进行了第一次修缮，主要修理屋面渗漏问题，正脊拆挑并对前后坡揭瓦重新夹垄[29]；

乾隆四十年（1775年）对大殿进行了最为详细的勘察修理[30]；

之后，在嘉庆和同治时期对大殿也进行过修缮，三座牌楼则在道光、光绪年间进行了拆修。民国三十六年（1947年）将牌楼主体结构改为钢筋混凝土，同时撤去戗木，形成现有形式。

另外，在对组群进行大修时会发现许多标注题记，其中包括某些构件更换的重要年代信息，如东配殿额枋上题有"嘉庆四年三月"字样，可知嘉庆四年（1799年）曾对建筑群进行过拆修；在神厨及西配殿瓦件上刻有"乾隆庚寅年造"，可知寿皇殿在该年进行过修缮。具体营缮活动整理见表1-1。

表1-1 移建之后寿皇殿营缮编年

始建年代	建筑名称	营缮时间		营缮情况	功能
清乾隆十四年（1749年）三月	南牌楼	乾隆	十四年（1749年）冬月前	完竣	前导围合空间
		乾隆	二十七年（1762年）八月二十二日	拆瓦，添安戗木	
		乾隆	五十年（1785年）四月	整座大修	
		道光	五年（1825年）	拆修照旧油饰见新	
		光绪	三十一年（1905年）	兴修	
		民国	三十六年（1947年）	改为钢筋混凝土柱子，撤去戗木	
	东牌楼	乾隆	十四年（1749年）冬月前	完竣	
		乾隆	二十七年（1762年）八月二十二日	头停拆卸，更换夹杆柱木，添安戗木	
		乾隆	五十年（1785年）四月	整座大修	
		道光	五年（1825年）	拆修照旧油饰见新	
		光绪	三十一年（1905年）	兴修	
		民国	三十六年（1947年）	改为钢筋混凝土柱子，撤去戗木	
	西牌楼	乾隆	十四年（1749年）冬月前	完竣	
		乾隆	二十七年（1762年）八月二十二日	头停拆卸，更换夹杆柱木，添安戗木	
		乾隆	五十年（1785年）四月	整座大修	
		道光	五年（1825年）	拆修照旧油饰见新	
		光绪	三十一年（1905年）	兴修	
		民国	三十六年（1947年）	改为钢筋混凝土柱子，撤去戗木	
	石狮	乾隆	十四年（1749年）冬月前	完竣	门前装饰，营造氛围
	南砖城门	乾隆	十四年（1749年）九月十七日	瓦片宪完	外院主要入口
		乾隆	十四年（1749年）冬月前	完竣	
	琉璃花门	乾隆	十四年（1749年）冬月前	完竣	内外院次要入口
	神厨	乾隆	十四年（1749年）冬月前	完竣	贮藏列后御容
			三十五年（1770年）	换瓦	
	神库	乾隆	十四年（1749年）冬月前	完竣	贮藏祭品
	东井亭	乾隆	十四年（1749年）冬月前	完竣	取水
	西井亭	乾隆	十四年（1749年）冬月前	完竣	
未知	铜狮	乾隆	光绪十二年（1886年）前	已有	门前装饰
清乾隆十四年（1749年）三月	寿皇门	乾隆	十四年（1749年）九月十七日前	苫背	内院主要交通空间
				柱木批灰	
			十四年（1749年）冬月前	完竣	
		新中国	1983年5月	重建	
	东焚帛炉	乾隆	十四年（1749年）冬月前	完竣	焚烧祭品
	西焚帛炉	乾隆	十四年（1749年）冬月前	完竣	
	东配殿	乾隆	十四年（1749年）九月十七日	拢安斗科	安奉圣像
			十四年（1749年）冬月前	完竣	
		嘉庆	四年（1799年）三月	拆修	

续表1

始建年代	建筑名称		营缮时间	营缮情况	功能
清乾隆十四年（1749年）三月	西配殿	乾隆	十四年（1749）九月十七日	竖立大木	安奉圣像
			十四年（1749年）冬月前	完竣	
			三十五年（1770年）	换瓦	
	东碑亭	乾隆	十四年（1749）九月十七日	竖立大木	安放石碑
			十四年（1749年）冬月前	完竣	
	西碑亭	乾隆	十四年（1749）九月十七日	竖立大木	
			十四年（1749年）冬月前	完竣	
	龟趺石碑	乾隆	十四年（1749年）二月	开采运输	镌刻碑文
			十四年（1749年）冬月前	完竣	
清乾隆十五年（1750年）	衍庆殿	乾隆	十五年（1750年）六月初一	添建完竣	贮藏先帝圣像
	绵禧殿	乾隆	十五年（1750年）六月初一	添建完竣	辅助祭祀空间
清乾隆十四年（1749年）三月	大殿	乾隆	十四年（1749）九月十五日	上梁	安奉圣像，主要祭礼空间
				钉椽望	
			十四年（1749）九月十七日	苫背	
				大木批灰	
			十四年（1749年）冬月前	完竣	
			二十八年（1763年）	拆挑大脊，前后坡揭瓦找补，糊饰窗棂	
			三十五年（1770年）	油饰，粘修	
			三十八年（1773年）	拆调上檐正脊	
			四十年（1775年）正月初六日	上檐归安两山同柱，添换斗盘，拆安斗科椽望；下檐拆安角梁斗科，别做挑尖顺梁；拆瓦补油饰	
			四十二年（1777年）	四角挑顶，换角梁，揭瓦头停，找补油饰	
			四十六年（1781年）十二月十八日	添安六样黄色琉璃三连砖、筒瓦、勾头、仙人等	
		嘉庆	七年（1802年）五月初十日	镀饰	
			七年（1802年）十月初三日	修理大墙	
			二十五年（1820年）	油饰彩画	
		同治	七年（1868年）	修理	
			十一年（1872年）	修理	
			十二年（1873年）	修理	
		光绪	十七年（1891年）	修理头停渗漏	
			三十四年（1908年）	修理木座羊角灯、路灯等	
		民国	三十七年（1948年）	修理上檐西北角梁及翼角	
		新中国	1983年5月	挑顶更换东北角梁	
清乾隆十四年（1749年）三月	东值房	乾隆	十四年（1749年）冬月前	完竣	祭祀辅助空间
	西值房	乾隆	十四年（1749年）冬月前	完竣	
清乾隆十五年（1750年）	随墙门	乾隆	十五年（1750年）六月初一	添建完竣	内院次要入口
清乾隆十四年（1749年）三月	院墙	乾隆	十五年（1750年）六月初一	成砌	围合组群
清乾隆十九年（1754年）	树池	乾隆	十九年（1754年）三月二十四日	安砌	院落装饰
清乾隆十四年（1749年）三月	铺地	乾隆	十四年（1749年）冬月前	完竣	院落铺装
			四十三年（1778年）十月初二日	挑墁酥碱旧砖，一律换新	
			四十八年（1783年）十月二十日	挑墁酥碱旧砖	
	金砖	乾隆	十四年（1749年）四月初七日	工价数目核算	
			十四年（1749年）冬月前	完竣	
清乾隆十五年（1750年）	铜海	乾隆	五十一年（1786年）四月初十日	修理	盛水消防

注释

1 清雍正、乾隆初年奏销档中有多次兴修寿皇殿后殿及前殿的记录，由此可表明寿皇殿并非独立建筑。

2 在《酌中志》卷之十七中有批注："海山本多出（右日）以下二十四字，为内务府本所无，存之。"

3 摘自《春明梦余录》卷之六"宫阙"。

4 《春明梦余录》卷之六"宫阙"："长春亭牌，长春门牌，寿皇殿牌，左毓秀馆扁，右毓秀馆，万历三十八年六月二十九日添盖扁"。文中"扁"同"匾"。

5 《日下旧闻考》卷三十五"宫室"引《芜史》："北中门之南曰寿皇殿，曰北果园，殿之东曰永寿殿，曰观德殿，与御马监西门相对者。寿皇殿之东门，万历中年始开者也。殿之南则万岁山，俗所云煤山也。"

《日下旧闻考》卷三十五"宫室"引《志书》："观德殿在北安门内、玄武门外，万岁山东麓也。""山北有寿皇殿、北果园。山南有扁曰万岁门，再南曰北上门，再南曰玄武门，入门即紫禁城大内也。"

《日下旧闻考》卷三十五"宫室"引《春明梦余录》："万岁山高一十四丈，树木蓊郁，有毓秀、寿春、长春、觐景、集芳、会景诸亭。"

6 清顺治十二年（1655年）万岁山更名为景山。

7 观察清康熙《皇城宫殿衙署图》全图可知，在表现建筑高度、等级方面，图中所反映的信息较为严谨，因此臻禄堂的建筑高度应高于寿皇殿。

8 乾隆十三年十月二十日满文奏折，《清代雍和宫档案史料》第五册，中国民族摄影艺术出版社，2004年4月第1版，第86-87页。

9 本段译文引自张富强所著《景山寿皇殿历史文化研究》一书，后经满文专家高新光老师核对校验。

10 《皇城宫殿衙署图》中所绘为二层楼重檐建筑形象。

11 "庚申闰八月初九日乙未。又议员外郎达连等修寿皇殿门，苟且怠玩，应下部议，殿门应行重修。上命停修殿门，余依议。"引自《康熙起居注》，中华书局，1984年8月第1版，第598页。

"辛酉八月初三日癸未。又工部奏销修造景山内房屋用过钱粮事。上曰：万福阁、寿皇殿等处修造甚属草率，所用钱粮太多。着工部会同内务府将修造之处用过价银，务详行查对，确议具奏。"引自《康熙起居注》，中华书局，1984年8月第1版，第735页。

12 这里的前殿应为寿皇殿，后殿推断应为臻禄堂，当时祭祀所用圣像、宝塔均供奉于此处。

13 雍正十年五月十八日奏销档180-277："奏报择吉五月二十五日兴修寿皇殿后殿折，五月十八日和硕庄亲王、果亲王等谨奏，为奏闻事。寿皇殿前殿已经修理告竣，后殿亦应行修理之处，其兴修吉日交与钦天监择得今年五月二十五日未时兴修吉。"中国第一历史档案馆。

雍正十年九月二十日奏销档918-051："奏为寿皇殿后殿供奉圣像宝塔择吉诵经等事折，……谨择得今年八月二十四日戊寅日辰时供奉吉，臣等敬谨恭请后殿供奉于本日。"中国第一历史档案馆。

雍正十一年十二月二十八日奏销档183-456："因地震之后于雍正十年敬谨修理，寿皇殿见新。"中国第一历史档案馆。

14 乾隆元年十月初三日奏销档194-341-1："奏报寿皇殿修饰工竣择吉恭请圣祖仁皇帝圣像宝塔折，乾隆元年十月初三日，海望谨奏，为奏闻事，先经臣具奏，遵旨修饰寿皇殿，恭请圣祖仁皇帝圣像宝塔于前殿供奉，今寿皇殿修饰告竣，交钦天监谨择得十月初八戊辰日，宜用辰时恭请圣像宝塔于寿皇殿供奉吉。"中国第一历史档案馆。

15 乾隆三年十二月初二日奏销档200-176-1："奏请帝像安奉寿皇殿后万福阁奉旨安奉缎库楼上折，乾隆三年十二月初二日，和硕庄亲王臣等谨旨议，奏事乾隆三年十月十二日，经臣等将缎库楼上安奉圣像一折，具奏奉旨，……敬查寿皇殿后万福阁阁上宽阔洁静，若安设龛格，安奉圣像，似属合宜如蒙。俞允臣将应如何安设龛格之处，详加酌拟交该处，敬谨安装修饰，俟完竣时，令钦天监选择吉期。"中国第一历史档案馆。

16 《日下旧闻考》卷十九国朝宫室引《国朝宫史》，第259、260页。

17 《日下旧闻考》卷十九国朝宫室引《国朝宫史》，第260、261页。

18 乾隆十四年二月初五日癸未内务府来文1993："提督衙门为知会修建寿皇殿工程需用石料事。乾隆十四年二月初三日，……今据该员呈称，采得碑二统跌二件，俱系大件石料必须十六辆车方可运送所有由道路，恳请行文各俟处预为修理，庶勿迟碍。"中国第一历史档案馆。

19 乾隆十四年四月初七日朱批奏折04-01-14-0018-018："奏为循例奏明修建寿皇殿需用金砖动支工价银两数目请敕部查核施行事：……寿皇殿需用二尺金砖二千五百十块，尺七金砖七百五十块，除正砖工价等银一千八百一十九两八钱，零照例在于上下两江司库正项银两分别动给办理外，所有应造三分副砖计二尺者七百五十三块，尺七者二百二十五块，共该给工价银三百一十三两七钱零……"中国第一历史档案馆。

20 乾隆十四年九月初五日朱批奏折04-01-14-0018-015："奏报修建寿皇殿工程上梁吉期事：奏为奏闻事，恭照修建寿皇殿工程，应当上梁吉期，令钦天监敬谨选择得本年九月十五日庚申，宜用辰时上梁等语，除将供献等项随工程办理外，其梁上需用大红片金一定，请向广储司支领，应用谨此奏闻。"中国第一历史档案馆。

21 乾隆十四年九月初七日壬子，海望奏报文殊顶工程用木植及寿皇殿工程情形折宫中朱批04-01-37-13-12："九月十七日，奴才海望谨奏，为奏闻事。乾隆十四年九月十一日，……再寿皇殿工程大殿，已于十五日上梁，随锭椽望，于十七日苫背，若待宫后柱木始行做灰，恐将近寒冷，不能按依遍次成做，今趁此天气和暖，天花以下大木业已披灰，戟门现今苫背，柱木披灰。东配殿拢安斗科，西配殿竖立大木，碑亭二座亦竖立大木，砖城门瓦片完，其余活计，现今加紧竭力赶办，不敢稍有迟误。为此谨具奏闻。"中国第一历史档案馆。

22 乾隆十五年四月二十六日奏销档221-008-1："……今寿皇殿工程迎吻安吻应行礼仪，请照安估宫之例，其迎吻安吻之吉期，令钦天监敬谨选择得乾隆十五年四月二十八日庚子，宜用卯时迎吻，五月初一日壬寅，宜用辰时安吻，其迎吻之日，吻上所用贴金银花二对，大红缎二方，前设龙旗御杖各一对，和声署作乐……"。中国第一历史档案馆。

23 乾隆十五年六月初一日内务府奏案05-0106-036："寿皇殿大殿两山添建歇山正殿二座各计三间，成做青白石须弥座，苍龙出水龙头，三面汉白玉石栏杆，成砌东西墙垣二道，各长十一丈，随门门口二座。殿内铺墁地面，拆墁海墁以及油饰彩画……"中国第一历史档案馆。

24 乾隆二十年十月二十八日内务府奏案05-0143-051："寿皇殿前添安青白石树池二十八座，内有二十六座见方七尺六寸，二座见方五尺五寸，通高一尺三寸，内露明高一尺一寸五分。俱旧石改做，占斧扁光见新，周围地面拆墁旧细城砖，地基刨槽，筑打大夯码黄土一层，拆砌原旧树池二十八座，并拉运石料车价等项工程所有销算，用过物料匠夫工价银两细数并列于后计……通共销算银二十九百八十七两七分六厘。"中国第一历史档案馆。

25 《日下旧闻考》卷十九国朝宫室，第260页。

26 乾隆十五年十二月初三日内务府奏销档223-414-1："奏报销算修理寿皇殿用过银两数目事。"中国第一历史档案馆。

27 光绪朝《钦定大清会典图·卷九·礼九·祀典九》，第40-42页。

28 乾隆二十八年十月十九日内务府奏案05-0211-056："奏为奏闻销算用过银两数目事，乾隆二十七年八月二十二日，经奴才等奏称恭查寿皇殿宫门前牌楼三座，内东西二座因头停歪闪极应修理，随即派员将头停拆卸，夹杆拆开复行详细查看，其柱木八根内三根夹杆石内糟朽，已断二根，周围糟朽三四寸，此五根柱木必应更换，其余柱木三根下截亦糟朽一二寸，不能与新换柱木一律，经又请将柱木八根全行更换，添安戗木一律坚固，可垂永久，其换下柱木八根去其糟朽，别项应用等因具奏……敬谨修理寿皇殿宫门前东西四柱九楼牌楼二座，换安柱木八根。拆宽正面四柱九楼牌楼一座，并添安戗木二十四根，以及油饰彩画等项工程，俱经完竣。"中国第一历史档案馆。

29 乾隆二十八年奉宸苑档案："……恭查踏勘得寿皇殿一座计九间，头停间有渗漏，今上檐正吻不动，拆挑大脊，前后坡各揭瓦宽一丈，其余俱找补夹陇捉节，并糊饰窗棍，约需工料银六百九十四两五钱五分一厘。"《北海景山公园志》，第413页。

30 乾隆四十年正月初六日内务府来文2012："寿皇殿前后檐西北角同柱有沉陷处，着刘浩前去踏勘，钦此，随经奴才将踏勘得寿皇殿后檐西北角同柱沉陷，其余三角亦稍有压下情形，……详细勘估得，寿皇殿一座计九间，通面阔十四丈一尺五寸，通进深六丈三尺七寸，檐柱高一丈八尺五寸，下檐斗口单昂，上檐单翘重昂斗科，内里隔井天花重檐庑殿做法成造，今上层檐四角并两山同柱沉陷压入斗盘内一二寸不等，致将四角两山额枋斗科及尖角檐头枋桁垂下，下层檐四角角梁后尾拔榫，博脊折伤，两稍间天花沉下，明五间头停脊下间有渗漏，酌拟将上层檐归安四角两山同柱，添换糟坏斗盘八个，拆安四角两山额枋斗科椽望尖角檐桁，下层檐拆安四角角梁斗科，别做挑尖顺梁四根，拆安四角两山椽望内，斗科椽子损伤者添新料二成，顺望板糟朽者添新料三成，上层檐添换弯扭尖角枋桁四十八根，拆安两稍间天花添换贴梁上下檐，满拆宽黄色琉璃头停前檐一面添用新料，后檐并两山三面俱尽数选用旧料，两山墙外皮上身提刷红浆，拆定四角两山檐网添补新料一成，至油画一项，查前后檐上架枋梁画活及内上下架油画活计约尚鲜明，不致抄旧匆庸另行见新，只拟将四角两山拆安之额枋斗科椽望等件照旧式找补油画，前檐外面下架柱木楠窗磨洗光朱红油眼钱线路等件使油点金，并换糊前金楠窗心，成搭圈散蓬座等项。"中国第一历史档案馆。

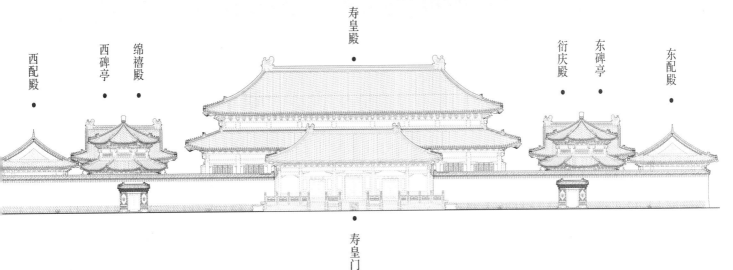

西配殿　西碑亭　绵禧殿　寿皇殿　衍庆殿　东碑亭　东配殿

寿皇门

第二章　价值研究

Chapter 2　Value Research

　　寿皇殿坐落于北京城中轴线上，打破了"左祖右社"的传统位置格局，进一步丰富了轴线序列，成为城市规划中承前启后的重要节点，同时将礼制秩序与风水形势观念有机统一起来，实现了"天人合一"的理想形式。组群设计借鉴太庙、安佑宫等磅礴宏大的神性空间，改善发展为更人性化的形式布局，更加注重环境氛围的建立和营造，是臻于完善的皇家家庙设计表达。

　　寿皇殿作为清乾隆朝以后极其重要的皇家祭祀场所，承载着独特的礼制思想与祭祖文化，除继承太庙"崇祖敬宗"的思想外，还承担展存御容圣像的重要职能，与奉先殿、安佑宫一起构建了别具特色的皇家祖庙祭祀文化体系。

The Pavilion of Imperial Longevity is located on the central axis of Beijing, which breaks the traditional position pattern of "the temple on the left and the altar of state on the right", further enriches the axis sequence, and becomes an important node in urban planning. At the same time, it organically unifies the order of etiquette and the concept of geomantic situation, and realizes the ideal form of "the unity of human and nature".The group design draws lessons from the magnificent divine space such as the Imperial Ancestral Temple, improves the development into the form layout which is closer to human nature, pays more attention to the establishment and construction of environmental atmosphere, which is an extremely perfect expression of royal temple design.

As an extremely important royal sacrificial place after the Qianlong period of the Qing Dynasty, the Pavilion of Imperial Longevity bears a unique thought of ritual system and ancestor worship culture.In addition to inheriting the thought of the "worshiping the ancestors" of the Imperial Ancestral Temple, it also undertakes the important functions of displaying and preserving the holy images of the imperial appearance, and together with the Fengxian Hall and the Anyou Palace, has built a unique cultural system of the royal ancestral temple sacrifice.

第二章　价值研究

执笔人：张凤梧　周悦煌

第一节　序列布局

寿皇殿组群由内外双重院墙围合形成两进院落，整体近似方形平面；建筑单体共二十八座，主体建筑由南至北依次排列在中轴线上，附属建筑均在中轴线东西两侧对称布置，结构严谨，秩序井然，为典型的皇家祭祖空间布局，如图Y2-1-1所示。

院外南端由三座三间四柱九楼木构牌楼以东南西三向环列的方式，围合出第一道半封闭式入口空间。外院墙南向中心位置辟一座三券七楼式琉璃砖城门，为组群最主要的出入口，东西再

开两道随墙砖城门，均覆黄色琉璃瓦庑殿顶，檐下施黄绿琉璃彩画，门腿除须弥座外不做雕饰。南砖城门外东西两侧分立一座塌腰蹲坐石狮，以增强入口仪式感。由城门进入即为建筑群外院，东西两侧各有一座面阔五间单檐悬山建筑对称设置，东侧为神库，西侧为神厨，主要作为存放祭祀材料的场所。东、西井亭分处神库、神厨西北、东北方位，皆为四角盝顶形式。外院东西院墙中间各设一座砖城门，与东南、西南砖城门形制相同。东、西砖城门北侧分别为七檩卷棚东、西值房，二者呈东西对称布置。组群北院墙即为景山北围墙，墙上开辟北中门一道，由此可进入地安门大街。

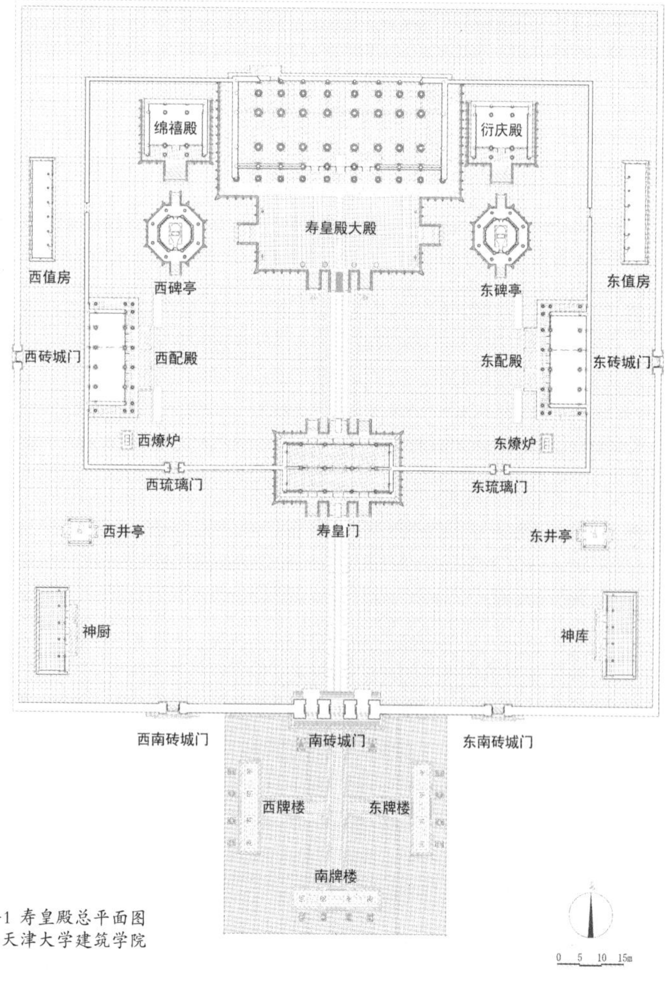

其余建筑均集中于组群内院，建置严格。寿皇门坐于龙头须弥石座台基上，前后各设三出踏跺，面阔五间，进深六架椽，上覆单檐庑殿顶，月台左右置石座铜狮（今门前立雌雄石狮一对）[1]，进一步加强了建筑仪式感。每逢大祭，皇帝都由寿皇门进入内院，其他王公大臣则从东西两侧随墙琉璃门进入。沿御路由南至北依次对称布置为燎炉（即焚帛炉）、配殿、碑亭以及大殿。其中，燎炉周身覆黄色琉璃，檐下刻黄绿旋子彩画；东西配殿隔院相对，坐于砖石台基上，台前设三出踏跺，单檐歇山顶，正身五间，两山及前檐出廊；东西碑亭均为重檐八角攒尖顶，周围廊，坐于龙头须弥石座台基上，前后各出踏跺；两正殿紧临寿皇殿大殿分立东西两侧，东正殿名衍庆殿，西正殿曰绵禧殿，均为单檐歇山顶，面阔三间，亦为龙头须弥石座台基，只前出踏跺。

大殿为中轴线上最后也是最为重要的主体建筑，坐北朝南，采用重檐庑殿顶形式，黄琉璃瓦屋面，面阔九间，进深五间，前檐出廊，龙头须

图Y2-1-1 寿皇殿总平面图
（2014年天津大学建筑学院测绘）

弥石座台基一重，汉白玉望柱栏板围绕，月台深远开阔，前出踏跺三出，左右各一抄手踏跺，其上立铜鼎炉四座，铜鹤、铜鹿各两座，建筑等级极高。

除等级分明的建筑外，在内外院落中轴线上还铺设五米宽青白石御道，周围海墁城砖。乾隆十九年（1754年），于内院添安二十八座须弥座造型树池[2]，种植桧柏、油松等树木，以进一步营造庄严肃穆的气氛（图Y2-1-2～图Y2-1-5）。由此形成外院祭祀服务空间和内院礼仪空间的区别。

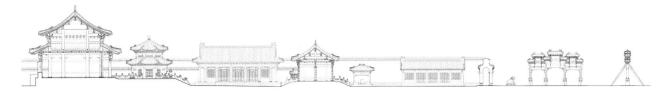

图Y2-1-2 寿皇殿总纵剖面图（2014年天津大学建筑学院测绘）

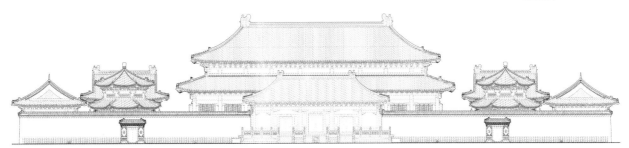

图Y2-1-3 寿皇殿组群内院南立面图（2014年天津大学建筑学院测绘）

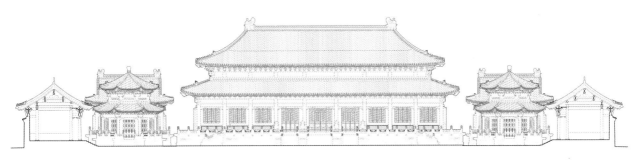

图Y2-1-4 寿皇殿组群内院横剖面图（2014年天津大学建筑学院测绘）

图Y2-1-5 寿皇殿组群内院西立面图（2014年天津大学建筑学院测绘）

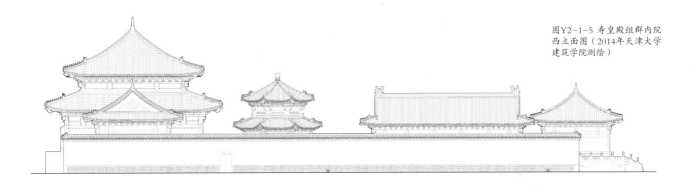

第二节　建筑特色

寿皇殿建筑群总占地面积[3]约为22740m²，南向三座牌楼三面围合形成边长38m的方形平面空间；外围院墙东西宽约142m，南北深约150m，整体近似方形平面；内院院墙东西宽111m，南北深82m，为接近4∶3的矩形平面。

一、寿皇殿大殿

寿皇殿大殿位于组群中轴线最北端，坐北朝南，是整座建筑群最核心的建筑，主要作为恭悬先帝列后御容圣像的场所。大殿坐于一重龙头须弥座台基上，面阔九间，进深五间，前檐出廊步，东西山墙出廊墙，后檐做檐墙。建筑主体构架为九檩殿堂形制，重檐庑殿顶，上覆黄色琉璃瓦，屋顶做推山。上下檐均作斗拱，上檐为单翘重昂七踩斗拱，南北立面明间平身科斗拱六攒，次间平身科五攒，尽间平身科一攒，其余各间平身科四攒；下檐为重昂五踩斗拱，除尽间平身科四攒外，其余各间平身科攒数与上檐保持一致。前檐柱间做雀替，额枋上绘制金龙和玺彩画，明

间及次间外金柱间设三交六椀隔扇，余下各间做槛窗，其下为龟背锦墙芯琉璃槛墙，大枋子、立枋子上雕刻行龙。须弥座台基为青白石雕造，束腰雕刻椀花结带，汉白玉望柱栏板围绕，望柱头雕刻行龙卷云纹。月台南向正中三出十二级踏跺，中间踏跺雕一道左右升降龙式丹陛，东西各有十二级踏跺。月台上南向一字排列四座铜鼎炉，东西各立铜鹤一座、铜鹿一座，鹤在前，鹿在后，其下均做青白石须弥露陈座（图Y2-2-1）。

大殿平面形式为分心斗底槽加副阶周匝。月台表面铺砌斜柳叶城砖，中心铺宽汉白玉御路，殿内金砖由中线向左右两侧依次铺设。明间门槛处铺砌一块巨大过门石，宽2.268m，长4.038m，由一整块虎斑石打造而成，较为罕见。

1945年时大殿形制更接近乾隆时期格局，此时的前檐外金柱次间仍为隔扇，改做少年宫后变为槛窗和槛墙；原后檐里金柱间均做门扇，各间保留神台，整体维持清代时的陈设格局，1955年后均被拆除。

大殿立面为典型的清式庑殿建筑形象，整体坐于汉白玉须弥座台基上，檐柱存在侧脚，外金柱有收分；上下屋面安四样黄色琉璃瓦，柱身及

门窗漆朱红色，槛墙作黄绿琉璃龟背锦图案，斗拱作蓝绿彩画，其余各枋绘制金龙和玺彩画，平板枋上作行龙彩画，挑檐枋上绘工王云；下檐正脊两侧做合角吻，垂脊除垂兽外另有七座跑兽和一座仙人，上檐垂脊有九座跑兽和一座仙人，正吻采用大龙加仔龙的形式。立面具体结构组成如下：下檐柱之间由下至上依次安装小额枋、由额垫板、大额枋，柱顶置平板枋，其上安重昂五踩斗拱，以此加强水平刚度，小额枋和檐柱交接处增加雀替提升装饰性；进深方向，除柱头科由挑尖梁与外金柱连接外，檐柱与外金柱间由挑尖随梁和随梁枋连接加强横向稳定性；外金柱延伸至上层作为上檐殿身檐柱，檐柱依靠平板枋、上额枋、围脊枋、围脊板、承椽枋等进行连系，平板枋上为单翘重昂七踩斗拱，再上为二层屋面。大殿上檐飞椽以上高度与大殿殿身总高度比例接近4：10，基本符合黄金分割比例；屋脊正吻与东西三缝柱身在竖直方向上对应，整体十分均衡，立面尺度控制在百尺以内。

大殿为十一檩大木结构，前后檐柱上置平板枋及一层柱头科斗拱，外围金柱承接上檐平板枋，里围金柱承托五架梁，五架梁上叠置三架梁，二者通过柁墩承接，三架梁上再置脊瓜柱承接脊檩，脊瓜柱两侧做角背，上檐柱头科斗拱通过挑尖梁与里金柱建立连系，挑尖梁上又置童柱支撑单步梁与下金桁。外围金柱依靠上额枋、围脊枋、围脊垫板、承椽枋进行连系，下檐檐椽后尾插在承椽枋椽椀内。大殿里金柱柱身中间天花梁以上各做一方形墩斗，形状类似坐斗但没有斗耳，高310mm，上表面1100mm见方，下表面950mm见方，斗身用宽85mm的铁箍箍紧，通过考察推测大殿里金柱应由上下两根柱木通过墩斗衔接而成。墩斗上搁置足角枋[4]，枋木两端插入金柱柱身，增强了建筑横向拉结能力[5]。

从建筑纵剖面可以清晰地看到庑殿顶"推山"构造：上金檩支撑太平梁，梁上置雷公柱承托脊檩；大殿下檐尽间后檐山面处各设有一根扒梁，前檐相应位置没有。对建筑室内空间进行推断，后檐里金柱以内设有众先帝龛位，各种装饰龛设较为复杂，对后檐草架要求较高，需要设置额外结构进行加固，在木料短缺的情况下，为节省材料，便未在前檐设置相同构件（图Y2-2-2、图Y2-2-3）。

图Y2-2-2 一层檐山面南侧无扒梁

图Y2-2-3 一层檐山面北侧扒梁（2014年拍摄）

大殿檐步和上金步举架与清式大木建筑规定基本一致，下金步与脊步举架明显小于清式规定，从屋面由戗投影看，折线较为圆转，介于明代圆滑、清代陡峭的范围内，应属延承明代做法的过渡形式。

大殿斗拱类型较为简单，整体分为两大类，为下檐重昂五踩斗拱和上檐单翘重昂七踩斗拱，斗口取值95mm，约合3营造寸[6]，较之清代前期所建重要建筑如故宫太和殿、坤宁宫等更大，但相较明代建筑如北京太庙前殿、社稷坛正殿明显要小，这也间接表明清代建筑的等级已不完全取决于斗口取值的大小。总体来看，斗拱的昂头造型，昂嘴形式，耍头、撑头等的放置方式都是典型的清式做法，柱头科斗拱在正心一线由下至上拱昂宽度逐跳加宽，角科斗拱用搭角闹头昂等形式也是清代特征。另外下檐平身科斗拱因所在间广不同存在拱长不等、角科与平身科里拽厢拱连接成鸳鸯交手拱、为弥补拱垫板空档而将角科坐斗改为连瓣坐斗、在上昂菊花头后尾隐刻一道上昂线等一系列做法依然延承了一些明代风格。

此外，因大殿前后檐有无顺扒梁的区别而影响了下檐山墙柱头科斗拱后尾的形式。前后檐柱头科斗拱类型同山墙后檐柱头科斗拱，头昂后尾接单材瓜拱，二昂后尾作菊花头，其上挑尖梁后尾插于外金柱柱身，山墙后檐柱头科斗拱挑尖梁上再承扒梁（图Y2-2-4）；山墙其余柱头科斗拱双昂后尾合为一体成为挑尖梁下顺梁（图Y2-2-5），其下做隔扇门。这种形式差异既满足结构需求，又符合空间特质，恰到好处。

大殿前檐中部五间为四扇六抹隔扇，三交六椀菱花隔心，上中下各有绦环板一块，裙板上雕刻灵芝纹饰，中槛以上做三扇横披，隔扇外各做门帘架一副，帘架横披同为三交六椀菱花。因各间面阔大小不等，隔扇宽度和相应隔心菱花数量会有所区别，其中明间单页隔扇上菱花在面阔方向为2.5个，以后各间以0.5个逐次递减。

与六抹隔扇对应，稍间和尽间采用四抹槛窗，做法和菱花数量同次二间隔扇，但不做帘架。红色榻板下为黄绿琉璃槛墙，槛墙心以龟背锦图案依次排列，每块龟背上雕六瓣花饰，槛墙边框雕砌行龙戏珠，上下边框中心各雕坐龙一条，其余行龙以坐龙为轴呈左右对称（图Y2-2-6）。

大殿明间脊檩彩画结构分明，正脊脊檩与檩垫板、随檩枋三者在枋心处共同绘制完整的行龙祥云包袱，但与常见包袱的绘制方向上下相反，藻头内为降龙加灵芝卷草纹，盒子内为漆金团龙（图Y2-2-7、图Y2-2-8）。在等级最高的庑殿殿堂建筑的明间脊檩上绘制彩画是明代的普遍做法[7]，及至清代，重要的庑殿建筑依然承袭了这一特征，寿皇殿大殿正是如此，只是采用了最高级别的和玺彩画。

大殿绝大多数柱木、梁枋采用松木，一重檐东南角梁、东山面上檐童柱为红松，并有"红松分辨廿八块"的题记；建筑某些重要构件使用楠木，如除下檐东南角梁外的其余七件角梁均为楠木，前檐外围金柱为整料楠木，另在局部构件（如斗拱撑木）中也有使用楠木的做法。

图Y2-2-4 寿皇殿大殿下檐A型柱头科斗拱

图Y2-2-5 寿皇殿大殿下檐B型柱头科斗拱（左）

图Y2-2-6 龟背锦琉璃槛墙（右）

图Y2-2-7 寿皇殿大殿明间
脊檩彩画（上）

图Y2-2-8 寿皇殿大殿明间
脊檩彩画（下）（胡正元绘）

木材大量运用包镶、拼镶做法，除前檐外金柱为整料外，其余柱子、挑尖梁、三架梁、五架梁、天花梁、大额枋、承椽枋等均为包镶、拼镶而成，柱体内部用落叶松，外围包红松，共拼十六块板，板上用苏州码标记数目和位置，竖直方向用铁箍箍紧；里围金柱天花板以下包镶板宽约180mm，天花板以上包镶板宽约140mm，也间接佐证了金柱不是一根通高整木的情况。三架梁、五架梁等构件采用中间用大料、两侧拼木板的拼镶做法，上下不包木板。此外，梁架中采用了插金做法以节省大料，这种方式在故宫太和殿中也被大量采用。由此可见，清代大型楠木材料已极其匮乏，大尺度木构件只能用小型松木拼合，这也直接反映了寿皇殿大殿为清代建筑的史实（图Y2-2-9～图Y2-2-11）。

二、寿皇门

作为整座组群最重要的交通枢纽，寿皇门的建筑等级及地位仅次于寿皇殿大殿。其为单檐庑殿门殿建筑，坐于单层龙头须弥座台基上，汉白玉望柱栏板环绕，前后为三出八级踏跺，中间踏跺各做上下升降龙丹陛一道。建筑平面为中柱分心斗底槽，面阔五间，进深六架椽，七檩对金造，前后出廊，中柱明间及次间设板门，稍间做扇面墙，东西山墙里皮和扇面墙用细砖干摆群肩，山墙外皮群肩用龟背锦琉璃砖包砌，形式同

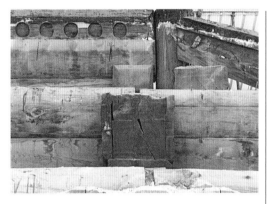

大殿[8]，屋顶覆黄色琉璃瓦，正吻同大殿，垂脊上做垂兽、仙人、跑兽七只，斗拱为清式重昂五踩斗拱，明间平身科斗拱六攒，次间平身科五攒，尽间三攒（图Y2-2-12）。

建筑进深四间，殿身由隔扇、扇面墙分隔为前后两段对称空间，左右为山墙，殿身只做中柱和檐柱，另在山墙内设有金柱。《景山内修理寿皇门并房间等工做法册》记录其重要尺寸："寿皇门一座五间，内明间面阔一丈八尺五寸，二次各面阔一丈六尺五寸，二稍间各面阔一丈，进深

图Y2-2-9 梁包镶拼镶做法
（左）

图Y2-2-10 柱包镶做法
（右）

图Y2-2-11 梁包镶拼镶做法

图Y2-2-12 寿皇门正立面

三丈一尺，两山各头二面各面阔一丈，外前后廊各深五尺五寸，柱高一丈五尺二寸，径一尺四寸，七檩庑殿，安斗口重昂斗科，内里格井天花成造。"殿内铺砖见方640mm，略大于大殿金砖尺寸，檐柱有较明显侧脚，中柱有收分。

寿皇门立面为典型门殿形式，整体高13282mm，前后檐均做敞廊，明次间檐柱用大额枋和雀替连系，稍间在大额枋和雀替之间增加由额垫板和小额枋，柱顶置平板枋，再上铺设五踩重昂斗拱，明间平身科六攒，次间五攒，稍间三攒。建筑中间三间设实榻门，单扇门板钉九路门钉，中槛设六边形门簪四个。山墙上身抹红色粉灰墙皮，签尖以上依次做大额枋、由额垫板和小额枋，平板枋上置斗拱。

1983年寿皇门重建后，在柱高及檐口高度不变的情况下，建筑屋面相较之前更高，正脊更长，推山更明显，垂脊更加陡峭（图Y2-2-13）。

寿皇门采用五踩重昂斗拱，斗口80mm，合2.5营造寸。建筑明间平身科斗拱六攒，次间五攒，稍间三攒；山面廊间平身科一攒，中间三攒。斗

拱上下昂昂嘴及角科搭角闹头昂都是典型的清式做法。此外，蚂蚱头外拽架与厢拱结合的部位出现两种结构形式，一种保留"齐心斗"，另一种不做。"齐心斗"在明代以前较常见，到清代中期以后基本消失。据1983年复建时的现场记录，由于无法确定带有"齐心斗"的斗拱所在具体位置，便仅在建筑两山的斗拱上装了齐心斗[9]。

三、东西燎炉

东西燎炉分别位于组群内院东南、西南角，二者对称相望，既是点景建筑，又是祭祀空间不可或缺的组成部分。两座燎炉形制完全一致，面阔、进深均为一间，通宽4010mm，通深2670mm，总高5150mm，在所有组群建筑中体量最小。二者均覆黄琉璃瓦歇山顶，正脊两侧为八样琉璃正吻，戗脊上各有一座仙人和两只跑兽[10]，山花板中心做铜钱式通风口，除檐下各构件雕饰黄绿琉璃彩画外，整体通身采用黄色琉璃砖砌筑。前后檐各有单翘单昂五踩平身科琉璃斗拱十攒，山面为五攒平身科斗拱，拱垫板上刻宝相花，后檐中间三处拱垫板上做通风口，斗拱下依次为平板枋和大额枋。炉身正立面中间为炉门，门左右两侧各有两扇四抹琉璃隔扇，炉后身做隔扇六扇，两山面做四扇，隔扇心雕三交六椀菱花，裙板上雕椀花。燎炉基座为两重完整须弥座叠砌，上下层形式相同，唯一的区别是上层须弥座上下枭满雕八达马纹饰，雕刻更显复杂。基座以下为土衬，再下为建筑台明（图Y2-2-14、图Y2-2-15）。

四、东西配殿

寿皇殿配殿位于燎炉北侧，后檐墙与内院院墙重合，为单檐歇山建筑，整体坐于砖石台基上，明次间三出八级踏跺，是内院建筑中仅有的没有使用须弥座台基的单体。殿身面阔五间，进深两间，两山及前檐出廊步，整体为七间三进，平面为金厢斗底槽，属七檩殿堂形制，屋顶覆黄色琉璃瓦，檐下施双下昂五踩斗拱，殿身明次间

图Y2-2-13 寿皇门重建前后对比

装隔扇门，稍间为槛窗与槛墙，廊柱呈现侧脚和收分做法（图Y2-2-16）。

配殿通高11476mm，台基高1276mm，屋顶与殿身高度比例接近1∶1，立面造型简洁，各间主次分明，虚实有秩，下檐由檐柱支撑平板枋，枋上摆置斗拱承接屋顶构架，明次间平身科斗拱四攒，稍间三攒，廊步一攒，柱头与柱头间依靠额枋进行连系，额枋下做雀替起装饰效果。外檐彩画整体为旋子彩画，额枋上为烟琢墨大点金一字枋心一整二破旋子彩画，挑檐檩上为烟琢墨大点金一字枋心喜相逢旋子彩画，飞头绘片金万字，椽头绘龙眼宝珠，垫拱板绘火焰三宝珠。槛墙为大城样干摆十字缝下碱，屋面歇山顶，戗脊上跑兽5只，山花板做金色绶带。

建筑屋顶草架部分为叠梁式做法，五架梁上置柁墩，柁墩上架三架梁，脊瓜柱两侧置角背，五架梁下依次做随梁、五架挑尖接尾梁，接尾梁

功能同天花梁。两山踩步金的做法比较特殊，其位于三架梁与五架梁之间，正好填补两者空隙，整体为一根沿进深方向通长的木板，木板下端凿椽椀[11]，椽椀底皮紧贴五架梁[12]，山面檐椽尾部插于椽椀，主要受力构件为五架梁。踩步金端部与下金檩相交，形式更接近于扒梁做法。配殿踩步金虽与常见形制不同，但很大程度上节省了木料，同时在不影响大木结构的情况下适当调整了山面檐椽举高，增大屋面曲线，能够缓解雨雪荷载。山面踏脚木留有凹口，其上搁置山花板，山花板下一部分作悬空处理，空档用灰泥填堵以增加屋面防水性能（图Y2-2-17）。

配殿室内木顶格原为白堂篦子吊顶，这种做法在皇家建筑中常运用于级别不是很高的礼制建筑，在寿皇殿中仅东西配殿采用这种形式。

五、东西碑亭

碑亭位于大殿台基东西两侧，亭内安放"御制重建寿皇殿石碑"。碑亭为重檐八角攒尖建筑，上覆黄色琉璃瓦屋面和宝顶，坐于龙头须弥座台基上，望柱栏板环绕，前后各出八级踏跺。平面采用双围柱形式，下檐外围八根檐柱，里围八根金柱直通上檐作为上檐檐柱。下檐设单翘单昂溜金斗拱，每间四攒，柱头为单翘单昂转角斗拱，上檐每间各三攒单翘重昂七踩平身科斗拱，柱头为单翘重昂七踩转角斗拱。碑亭正南、正北金柱开隔扇门，其余各间均设龟背锦墙芯琉璃下槛和槛窗，整体绘青绿旋子彩画（图Y2-2-18）。

图Y2-2-14 燎炉，或称焚帛炉、神帛炉（左）

图Y2-2-15 燎炉侧立面图（上）（2014年天津大学建筑学院测绘）

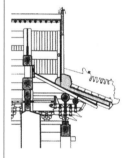

图Y2-2-16 东配殿正立面（左）

图Y2-2-17 配殿山花板与踏脚木（上）

图Y2-2-18 东碑亭西立面

建筑通高14535mm，檐柱高、檐柱顶到上檐飞椽上皮、飞椽上皮到宝顶三者的高度比接近1∶1∶1。上下层屋面均覆黄色琉璃瓦，垂脊上安仙人、龙、凤、狮子和戗兽，下檐围脊两端做合角吻，攒尖宝顶为常见须弥座配合宝珠形式，须弥座上下枭刻八达马，束腰刻云纹花束加连枝，顶珠为圆形。

碑亭梁架结构为常见井口枋做法，檐柱柱头用箍头枋相互连系，枋下做雀替，檐柱与金柱间做穿插枋。下檐角科斗拱上承递角梁，角梁后尾插于金柱，前端承正心檩。平板枋上为溜金斗拱，各间平身科斗拱四攒，外厢拱上安装搭交挑檐枋及挑檐檩，撑头桁拱等在后尾起秤杆搭于间枋。下檐椽尾插于承椽枋，承椽枋再上依次做围脊板、围脊枋、三交六椀横披扇、上额枋。室内天花以上草架部分置井字扒梁，长扒梁沿东西方向搭于上檐正心檩，短扒梁沿南北方向与长扒梁相交。扒梁上放置柁墩，金檩两两相交搭于柁墩上，太平梁搭于金檩上部承接雷公柱，角梁后尾接由戗一起支撑雷公柱。檐椽以上采用横顺望板混搭铺设，以适应屋面曲线变化（图Y2-2-19）。

六、东西正殿

东西正殿（又称耳殿）位于大殿东西两侧，碑亭正北方位，均为面阔三间、进深三间的单檐歇山建筑，东正殿曰衍庆殿，西正殿曰绵禧殿（图Y2-2-20）。建筑坐于青白石龙头须弥座台基上，明间前出十二级踏跺，与大殿一致。平面形式为双槽，前檐出廊，山墙延伸至前檐檐柱，采用龟背锦琉璃下槛，明间设隔扇门，次间为槛窗与琉璃槛墙。

正殿平面略呈方形，通面阔12190mm，通进深10880mm。建筑后檐金柱设二层仙楼，规模较大，次间仙楼首层板墙隔扇窗遮挡室内楼梯（图Y2-2-21～图Y2-2-23）。

建筑屋面、殿身、台基形成均衡的三段式构图，以檐柱柱顶为界上下高度比例接近1∶1。

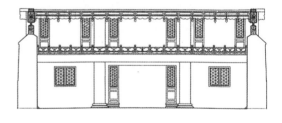

檐柱间依靠大小额枋及额枋垫板连系，小额枋下设雀替，平板枋上摆置斗拱，明间平身科斗拱四攒，次间三攒，均为双下昂五踩斗拱，进深方向，廊间置平身科斗拱一攒，中间七攒。歇山屋面覆黄色琉璃瓦，正吻采用大龙加仔龙形式，戗脊上设跑兽五只，山花板绘金色绶带，博缝板上无梅花钉。建筑外檐采用彩画等级较高的金龙和玺彩画，平板枋上绘行龙，拱垫板上绘坐龙。

七、神厨和神库

神库和神厨作为外院最主要的建筑对称坐落于中轴线东、西两侧。二者均为面阔五间、进深两间的悬山建筑，采用砖石台基，明次间前出踏

图Y2-2-19 东碑亭剖面图（2014年天津大学建筑学院测绘）

图Y2-2-20 绵禧殿

图Y2-2-21 衍庆殿仙楼

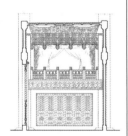

图Y2-2-22 昌陵隆恩殿仙楼立面图（2014年天津大学建筑学院测绘）

图Y2-2-23 昌陵隆恩殿仙楼（杨莹拍摄）

跺,明间踏跺宽度最窄,垂带石中心线较建筑明间檐柱轴线间距更小。平面为单槽形式,屋顶覆黄色琉璃瓦,殿身明次间开隔扇门,两稍间设槛窗,山面采用五花山墙做法,梁架空当用象眼板封堵(图Y2-2-24)。

建筑通面阔17170mm,总进深5865mm,各间面阔接近,次间甚至略大于明间,檐柱柱高与明间面阔比例接近1∶1;进深仅二间,类似于减柱造做法,能够有效提高室内空间利用率(图Y2-2-25)。

建筑明次间安三交六椀六抹隔扇,稍间采用四抹槛窗与十字缝砖下槛,檐柱依靠额枋相连,额枋下做雀替,平板枋上置一斗二升交麻叶斗拱,麻叶造型更接近清代特征;中间三间平身科斗拱四攒,稍间三攒,柱头用一斗三升柱头科斗拱。外檐檩枋采用墨线大点金一字枋心旋子彩画,藻头为一整二破旋花,神库南次间金檩和北次间脊檩均绘有金龙彩画。屋面覆黄色琉璃瓦,垂脊依次排列跑兽五只,正吻为五样琉璃,大龙头上雕仔龙。

建筑廊部檐柱与金柱依靠穿插枋和抱头梁连系,金柱与后檐柱之间做四架梁及随梁,三架梁前端由金柱支撑,后端置于瓜柱上,三架梁上做脊瓜柱及角背。

八、东西井亭

临近神库、神厨北侧为东西井亭。建筑上覆黄色琉璃瓦四角盝顶,四条正脊两端各有正吻两件,垂脊上依次做仙人、五只跑兽、垂兽。四根角柱支撑做敞亭形式,柱与柱用檐枋进行拉结,檐枋下做灯笼框吊挂楣子及夔龙花牙子,南北立面满做青白石坐凳,大城砖干摆十字缝垒砌,东西立面各出踏跺三级,入口两侧为大城砖干摆坐凳,室内中心为石质井口。檐下共有一斗二升交麻叶平身科斗拱二十四攒,一斗三升角科斗拱四攒,造型同神厨、神库斗拱(图Y2-2-26)。

井亭平面为正四边形,各面面阔4580mm,整

图Y2-2-24 神库正立面

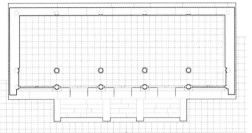

图Y2-2-25 神库平面图

图Y2-2-26 井亭正立面

体通高6455mm。屋顶梁架结构采用扒梁加抹角梁相互搭接的形式,抹角梁成45度搭于檐檩,由搭交金檩形成第一层构架结构;沿搭交金檩进深方向做长扒梁两根,面阔方向施短扒梁两根,与长扒梁处于同一标高位置,形成第二层构架结构;扒梁以上再做四根雷公柱,由戗后尾插于雷公柱上。彩画方面,檩、枋等主体构件为墨线大点金一字枋心一整二破喜相逢旋子彩画,拱垫板上为三宝珠火焰纹,做墨边框、墨老角梁,浑金银硃宝祥花宝瓶,烟琢墨斗拱,飞头片金万字,檐头龙眼宝珠。

北京明代皇家祭祀建筑中井亭多采用六边形平面,如北京太庙井亭(图Y2-2-27)、先农坛井亭等,清代很少再采用六角屋顶,反以四角居多,如寿皇殿井亭、安佑宫井亭等。

图Y2-2-27 太庙井亭(2014年天津大学建筑学院测绘)

九、东西值房

东西值房紧临东西外垣墙位置偏北，在整个组群中等级最低，屋顶为卷棚硬山形式，覆黄色琉璃瓦，垂脊上立仙人、龙、凤、狮子、垂兽，整体不做彩画，不施斗拱。屋身面阔七间，进深三间，进深方向各间深逐次递增。平面为单槽，列柱排列方式同神厨、神库，殿身内仅保留前檐一列金柱以增大室内使用面积，檐柱间做隔扇及槛窗。建筑柱础为素平古镜样式，古镜很高，周边不做卷杀，表面有很明显的剁斧痕迹，因檐柱与金柱距离较近，故做有联办柱础。值房后期改动较大，但依然保留了原有的两梁柱结构（图Y2-2-28）。

图Y2-2-28 东值房（左）

建筑屋身与山面梁柱结构有所差异，屋身前檐柱与前金柱依靠穿插枋及抱头梁连接，前金柱与后檐柱间穿插六架接尾抱头梁，前金柱支撑四架梁，四架梁一端架于墩柱上，墩柱与前金柱在平面上位置对应，四架梁中部以上对称设置两根方形瓜柱，四角做抹杀，共同支撑月梁，月梁上搭置脊檩。山墙处将四架梁改为四架接尾梁，取消了后檐瓜柱，转由后檐山柱直接支撑月梁，整体结构性更强。

图Y2-2-29 南砖城门（右）

十、南砖城门

南砖城门是中轴线上第一道门，也是整个建筑群的正门，为三券七楼式砖城门，明、次楼三座为黄瓦庑殿顶，垂脊上设跑兽三只，其下做大小绿琉璃额枋，额枋垫板为黄色琉璃砖；边楼两座为庑殿顶，仅做单额枋；中间夹楼两座采用悬

山顶，垂脊上仅做垂兽，额枋形式同边楼；各楼檐下均镶有黄色琉璃垂莲柱、绿琉璃花雀替。门腿下碱采用青白石须弥座，上身抹灰刷红浆，券洞顶部做十字穹顶，内壁抹黄灰刷包金土浆，门板为实榻门，每扇钉九路门钉，共八十一颗，门扇底部做有铜质包叶（图Y2-2-29）。

南砖城门明楼施单翘单昂平身科绿琉璃斗拱十二攒，次楼施十攒，边楼施四攒，夹楼施三攒。城门额枋上绘空枋心旋子彩画，枋心占额枋全长三分之一以上，藻头绘一整二破旋花，箍头盒子为四出如意头加阴阳太极喜旋，形式同燎炉额枋彩画。

南砖城门门腿须弥座整体造型纯粹简洁，只在束腰处雕刻椀花结带花纹，另在转角处搭配玛瑙柱子。玛瑙柱造型呈竖向三段式，每两段之间由九只串珠衔接，上下两段为素平莲花花瓣，中段部分为鼓状，其上雕刻如意云纹，另刻一朵四瓣曼陀罗小花，有很强的佛教装饰性。圭角处雕刻三朵方形卷云纹，两朵云饰下各有一个饱满的奶子直接下垂至土衬。

十一、东南、西南砖城门

除南砖城门外，外院南墙东西两侧及东西墙中间各有一庑殿顶方形砖城门，东南、西南砖城门尺寸较大，通面阔4490mm，通进深2330mm，通高5225mm，檐下施十六攒单翘单昂平身科琉璃斗拱；东、西砖城门相对较小，通面阔与通进深分别为3585mm、2000mm，通高4640mm，檐下为单翘单昂平身科斗拱十二攒。斗拱下为平板枋及单额枋，额枋上装饰空枋心一整二破旋子琉璃彩画。略有不同的是，前者额枋彩画做有两个盒子，后

者仅做一个。门板上无门钉，门上槛装门簪四个。门腿上身抹灰刷红浆，下碱采用青白石须弥座，形式同南砖城门（图Y2-2-30）。

十二、琉璃门

内院南墙寿皇门两侧各有一座琉璃门，整体形制与外院砖城门无太大区别，屋面覆黄瓦庑殿顶，垂脊上除仙人垂兽外仅做一只跑兽，正吻上不做仔龙。檐下平身科斗拱十攒，构件主体为绿琉璃加黄琉璃镶边，外跳蚂蚱头上做"齐心斗"，拱垫板上雕刻番莲花。额枋为空枋心一整二破旋子彩画，盒子内做四出如意头加阴阳太极喜旋。门腿柱及柱内琉璃框采用黄色琉璃砖，琉璃框内中心位置做云龙纹琉璃心，四角对称为游龙岔角琉璃，门柱下做青白石门腿须弥座，仅在束腰及圭角处施雕刻。琉璃门门宽1888mm，采用石质下槛，抱框漆朱红色，门簪四个，两扇实榻门不做门钉（图Y2-2-31）。

十三、牌楼

寿皇殿牌楼位于组群外院正南方位，共三座，呈东、西、南三向围合排列，为四柱三间九楼柱不出头牌楼。东牌楼正面匾额"继序其皇"，背面匾额"绍闻祗遹"；南牌楼正面匾额"显承无斁"，背面匾额"昭格惟馨"；西牌楼正面匾额"世德作求"，背面匾额"旧典时式"。原匾额均为青白石造，属乾隆皇帝御笔书写（图Y2-2-32）。

三座牌楼形制相同，整体分三间，通面阔19966mm，明间面阔5664mm，次间面阔4670mm，明间与次间面阔之比为1：0.82。九楼屋面，明间明楼、边楼屋面为庑殿形式，次间明楼、边楼采用庑殿顶，夹楼改为悬山顶。明间明楼檐下单翘重昂七踩平身科斗拱六攒，计七攒当，无拱垫板，边楼平身科两攒，为单翘单昂斗拱；次间各楼对应的平身科形制与明间相同，斗拱攒数减少，其中明楼为四攒，边楼及夹楼各为一攒。牌

图Y2-2-30 西南砖城门

图Y2-2-31 东琉璃门

图Y2-2-32 东牌楼

楼各间自上而下立面结构基本相同，明楼斗拱以下依次设平板枋、单额枋。平板枋依靠高拱柱支撑，两柱之间插匾额，次间明楼高拱柱之间插云龙花板。花板或匾额以下依次为大额枋、折柱花板和小额枋。小额枋以下两端做云墩雀替。折柱花板在面阔方向共分七格，中间一格雕刻双龙戏珠，其余六格左右对称，分别雕刻凤、龙、凤图案。在彩画方面，整体为墨线大点金喜相逢旋子彩画，枋心绘金龙，盒子内为团龙，更为华丽。牌楼柱底插于夹杆石燕窝榫内，柱头两侧用戗杆支撑，戗杆底部用戗杆石相抵，石头上刻有戗兽。牌楼月台只在明间前后做礓磜，月台明

高65mm，进深3494mm，约合6.6份柱径（牌楼底柱径532mm），礓磜进深720mm，约为11份月台露明高，远大于刘大可《中国古建筑瓦石营法》总结的牌楼礓磜进深为5份月台露明高的规律比例，但因周围铺砖加高了地坪标高，可推断原牌楼月台露明应在150mm以上（月台露明高不小于5寸）。

从各构件位置高度来看，次间大额枋与明间折柱板等高，以下各构件均与明间相错一个构件高度，现各间额枋为混凝土材质。为加强整体结构稳定性，牌楼柱子及高拱柱顶端做方形灯笼榫以代替角科斗拱坐斗；挑檐桁与大小额枋间用大挺钩进行拉结，正背面各十二根。

第三节　祭祀空间与陈设

寿皇殿以移建前后为分界，随着建筑空间的改变，各种祭祀活动及室内陈设也发生了很明显的变化。移建之前，寿皇殿主要举行各大行皇帝的丧仪活动；移建之后，寿皇殿成为清代最重要的供奉御容圣像的皇家祖庙，承担着孝治天下的重要精神功能。

一、移建前寿皇殿内祭祀陈设

寿皇殿中供奉御容圣像始于雍正元年（1723年），当时寿皇殿尚为明代建筑规制。圣祖仁皇帝驾崩后，为"追想音容"，雍正帝便着御史莽鹄恭绘皇考御容，先奉于养心殿，待梓宫发引后便敬谨供奉于寿皇殿，具体奉祀地点为臻福堂，岁时常来祭奠行礼[13]，香案祭品供奉齐备：

> "每日香灯供献，供净水九碗，诸色米九碗，红花水九碗，香九碗，干果九碗，茶九碗，蜜果九碗，乳饼九碗，绢花九碗。每月朔望更换，每日献馂馂案一，每月朔望供重十两茜红，白蜡一对。"[14]

由此来看，案桌上所供祭品共九种，各九碗，合九九八十一数，整体祭品筹备较为简单。雍正十年（1732年），因兴修寿皇殿后殿，遂将

圣祖仁皇帝圣像宝塔移于前殿暂行供奉，案桌、焚香照常，但其他供献皆暂停。另从雍正十一年（1733年）十二月奏销档中可以得知当时室内局部软饰情况：

> "做春绸祫幔三架，纺丝单幔一架，衣素面绫里，书阁祫帘十八架。"[15]

其中书阁应为放置祭品的龛格，绸幔挂于正面主格作为平日遮挡御容之用。

乾隆三年（1738年）为解决保和殿东暖阁空间不足的问题，酌情在万福阁内安设龛格，以供奉本朝历代帝像，此为对寿皇殿的一次重要室内改造活动。

乾隆七年（1742年）十二月定每年除夕"寿皇殿供九如灯一对"[16]，进一步形成祭祀定礼。

由以上信息可知，在移建之前，寿皇殿整体室内空间较为狭小，各方面祭祀功能尚不完备，祭品摆设也以实用经济为主，虽行使祭祖之能，却与皇家气质并不完全匹配。

二、移建后寿皇殿内祭祀陈设

乾隆十四年（1749年），寿皇殿进行移建，成为现有规制，由此结束了前代无定所安奉御容的历史[17]，也使清朝历代帝后御容圣像皆有展谒之地，"式衷庙祫之仪，期协家庭之制"，可谓对明代祭祀制度的一大发展。

寿皇殿最主要的功能是供奉列帝列后御容圣像，《大清五朝会典·光绪会典》中对各皇帝恭悬位次有具体规定：

> "寿皇殿大殿中间悬供圣祖仁皇帝圣容，东间悬供世宗宪皇帝圣容，西间悬供高宗纯皇帝圣容，东次间悬供仁宗睿皇帝圣容，西次间悬供宣宗成皇帝圣容，东又次间悬供文宗显皇帝圣容，西又次间悬供穆宗毅皇帝圣容。"[18]

由此来看，其位次以康熙皇帝居中，一直延续到同治皇帝为止，依然遵循"左昭右穆"的既有规定，逐次恭悬，且每日供奉[19]。

室内各龛前设一层通连窗格，便于在大祭时

安插屏风，屏风为七座，每到除夕，便将平日尊藏的其他帝后御容悬挂于屏风上，从太祖高皇帝开始，一直到同治皇帝为止，因中间七座已满，便将道光、咸丰、同治三帝及皇后御像增设于大殿东西两侧，依然按"昭穆之制"排序（图Y2-3-1），这些临时供奉的圣像待到初二日便被取下恭收[20]。

据清代《内务府档案》记载，寿皇殿大殿室内各龛家具摆放情况基本一致，以中龛供奉陈设为例，其龛内挂：

"黄纺绸单幔一架；波罗漆心紫檀木御案一张；左边设金漆宝塔一座；左右设硬木格一对；龛上挂黄缎织红龙夹幔一架；右边设红漆金龙箱一个；左右设黑漆描金架几案一对；东墙上挂字挂屏一面；西墙上挂山水挂屏一面；地上铺栽绒双龙花毯一块，左右安铜罩海灯一对等。"[21]

目前尚未发现有关寿皇殿大殿室内设计的样式雷图。安佑宫大殿有十分清晰的设计图纸可以参考，二者建造年代相近，互为因借，局部平面尺寸十分相近，结合档案记载，可以大致推断当时寿皇殿的室内空间格局。

此外，除满足每日供奉需求外，还要在大祭日预留足够的空间来供奉列帝列后，因此室内前半区域空间设计更加灵活，正如上文所述：

"龛前设通连窗格一层，每岁除日于窗格外设插屏七座，南向。"[22]

关于殿内屏风样式，乾隆五十二年（1787年）六月内务府奏案中有详细描述：

"寿皇殿供奉屏风五座，敬谨详细查勘，其搭脑下座俱系楠木胎，深雕玲珑筛扫，金罩漆边框系杉木胎，朱漆金线做法，此项活计系于乾隆十五年成造，每年十二月二十八日安设，次年二日拆收，一年两次拆安。"[23]

从图Y2-3-2历史照片中也可获知屏风的具体样式。

通过以上分析可以基本明确寿皇殿大殿在平日和大祭日的室内陈设布局情况，如图Y2-3-3及

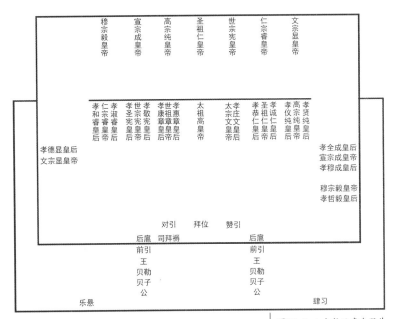

图Y2-3-1 大祭日寿皇殿恭悬皇帝位次图（重摹于光绪朝《大清会典图》）

图Y2-3-2 寿皇殿大殿大祭日室内屏风（摘自《故宫藏影》）

图Y2-3-4所示。

除明确悬挂的御容圣像外，各宝箱、云龙柜里都尊藏了许多画像，几案龛格内摆放了大量装饰陈设。可以说，寿皇殿不仅是悬供御容圣像的最佳场所，也是清代皇家的藏宝库。另外，衍庆殿和神厨曾被用来尊藏列帝列后御容，衍庆殿内做有仙楼。东西配殿在光绪朝兴修大殿时短暂供奉过圣像，其中室内陈设在前文已有描述。

寿皇殿移建之后，建筑形制发生了实质性改变，殿内供品摆设也相应发生了极大改观，《皇朝文献通考》中记载了乾隆十五年（1750年）大殿供案祭品的基本情况：

"每岁除夕内监诣寿皇殿恭请列祖列后圣容恭悬，每案供干鲜果品十二，羊炙肉二，清酱一碟，酒三爵，上香行礼，元旦大祭献瓷器、筯

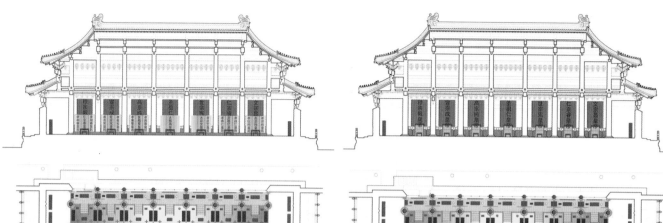

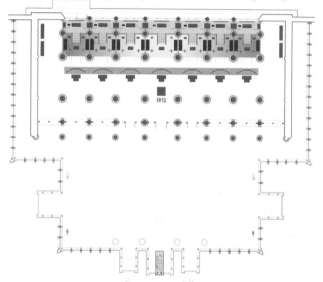

图Y2-3-3 大祭日寿皇殿大殿室内布局图

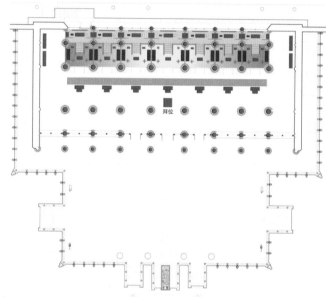

图Y2-3-4 平日寿皇殿大殿室内布局图

豆供品，上香行礼，作乐，献帛爵，不乐舞不读祝。初二日如除夕供，上香行礼毕，恭收圣容即殿尊藏。"24

从以上描述可看出，酒肉已经逐渐取代原来的瓜果茶碗，供品变得更加丰富，甚为奢侈。再到后期，大祭供品愈加丰盛，据《大清五朝会典·光绪会典》记载，寿皇殿元旦大祭：

"圣后同一案，每座各供酒三爵、匕箸具，每案饭四碗，一黍、一稷、一稻、一粟，羊脯和羹一碗，白饼、黑饼、糗饼、粉粢、酏食、糁食、槀鱼、鹿脯、形盐、豕肉、鹿肉、兔醢、鲤鱼、脾析、豚拍、菁菹、韭菹、芹菹、榛、菱、芡、枣、荔枝，各一盘，篚一、炉一、烛台二，不用牲俎。"25

稻、黍、粟、稷四碗饭两两对称放置，再前方为篚、帛各一，最前方摆放香炉和白蜡；饼等面食摆在桌案最左侧，从左至右依次为水果、酱料、肉食、粥汤等，各类供品达三十余种，种类齐全，十分隆重，如图Y2-3-5～图Y2-3-7所示。

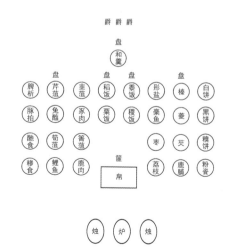

以上寿皇殿大祭时每案上的具体摆设情况为：中间最里侧为美酒三爵，之后为和羹一碗，

第四节　植物景观

寿皇殿作为景山最重要的建筑群，从明代始建起就有丰富有序的植物景观环绕，据《芜史》记载："北中门之南曰寿皇殿，曰北果园。"《西元集》中又有："万岁山……山下有亭，林木阴翳，周回多植奇果，名百果园。"依此可见寿皇殿周围的美妙景象，另从康熙《皇城宫殿衙署图》也可看出，寿皇殿院内树木林立，东西对称，院外松柏环绕，井然有序，环境十分优美（图Y2-4-1）。

乾隆十五年（1750年）寿皇殿改建之后，为与建筑祭祀性质相适应，便将景观环境进行了重新规划。南牌楼前由两列高大松柏两两对称形成前导神道，外院沿院墙以里整齐排列一圈桧柏，内院除在中轴御路两侧栽种桧柏外，还在东西碑亭与院墙间的空地内、寿皇门两侧同样布置了柏树，整体气质庄严肃穆。乾隆十九年（1754年），为进一步提升组群环境氛围，又在内院添安二十八座石树池，其中大树池二十六座，小树池两座。乾隆二十年（1755年）十月二十八日内务府奏案记有："寿皇殿前添安青白石树池二十八座，内有二十六座见方七尺六寸，二座见方五尺五寸，通高一尺三寸,内露明高一尺一寸五分。俱旧石改做，占斧扁光见新，周围地面拆墁旧细城砖，地基刨槽，筑打大夯码黄土一层，拆砌原旧树池二十八座，并拉运石料车价等项工程所有销算……"

树池造型接近于方形须弥座，最下部为土衬，其上为一周排列整齐的卷云纹向上收进，云头与须弥座圭角云饰类似，皮条线上为八达马下枭，上雕三幅云似花纹，两侧起包皮，树池上表面做正八边形，四角雕刻卷云纹，整体层次分明，十分精美。青白色的树池与苍劲有力的柏树相互辉映，极大地提升了组群的景观环境（图Y2-4-2）。

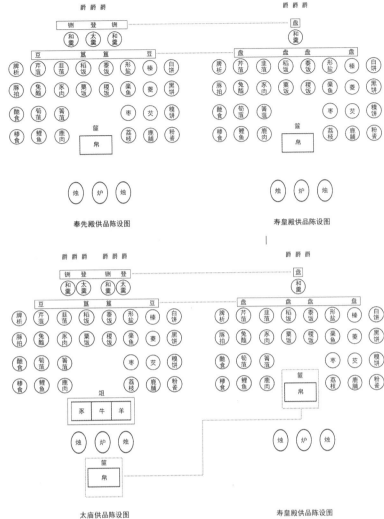

奉先殿供品陈设图　　寿皇殿供品陈设图

太庙供品陈设图　　寿皇殿供品陈设图

图Y2-3-6 寿皇殿、奉先殿大祭日供案陈设对比（上）

图Y2-3-7 寿皇殿、太庙大祭日供案陈设对比（下）

图Y2-4-1 寿皇殿内院古树

图Y2-4-2 寿皇殿古树池

此外,寿皇殿中还种植有一棵娑罗树,据《北平中城古迹名胜》记载:"娑罗树,在寿皇门外迤东,闻此树产于波斯。"此为北京难得一见的树种,但目前该树已枯死。

第五节　匾额题名

寿皇殿的命名缘起尚无法考证,从字面意思来看,"寿"即万寿无疆,"皇"为发扬光大,以此来传达皇帝期盼长生不老、江山永固的美好愿望。若追溯"寿皇"二字的由来,仅能从《宋史·孝宗纪》中得知,此为宋孝宗于淳熙十六年(1189年)传位于其子光宗后,光宗对孝宗尊号为"至尊寿皇圣帝"的省称,由此来看,寿皇殿的命名与之没有直接借寓关系。但从明代开始常将"福""禄""寿"放在一起奉祀,而寿皇殿、臻禄堂、万福阁三者则正好对应了这样的美好意象。

图Y2-5-1 寿皇殿牌楼匾心
(一)

图Y2-5-2 寿皇殿牌楼匾心
(二)

大殿东西两侧各有一歇山正殿,东名"衍庆殿",西曰"绵禧殿"。"衍庆"中"衍"为延续之意,"庆"为吉庆之意,旧时是对长者儿孙满堂、繁衍不息的美好祝颂;"绵禧"同为绵延永续、长寿永驻的释义,二者都表达了乾隆皇帝希望江山永固、世袭千秋的宏大愿景。

此外,寿皇殿南砖城门外矗立着三座四柱三间九楼牌坊,其上原各有乾隆皇帝御笔书写牌匾两块,东牌楼正面匾额题"继序其皇",背面匾额题"绍闻祇通"(见图Y2-5-1),前者引自《诗经·周颂·烈文》:"念兹戎功,继序其皇之。"意思是:时常念及先祖的大功,继承并发扬光大它,后者借鉴了《尚书·康诰》:"王曰:'呜呼!封,汝念哉!今民将在祇通乃文考,绍闻衣德言。'"二者整体意思是要时刻不忘先王功德,始终坚守先帝遗训,将先业继承并发扬光大。南牌楼正面匾额题"显承无斁",背面匾额题"昭格惟馨"(见图Y2-5-2),前者是乾隆在拿鲁僖公能兴祖业自比,后者是要

图Y2-6-1 寿皇殿大殿题记
标注位置示意图

昭示天下自己定会美名远播。西牌楼正面匾额题"世德作求",背面匾额题"旧典时式",前者出自《诗经·大雅·下武》云:"三后在天,王配于京。王配于京,世德作求。"后者引自《尚书》:"王若曰:'君牙,乃惟由先正旧典时式。民之治乱在兹,率乃祖考之攸行,昭乃辟之有义。'"二者寓意要将世代流传的功德作为追求,将原来的法则制度作为标准。

由以上题名均可窥见乾隆皇帝励精图治和希望江山永固的伟大愿景。

第六节　题记与露陈

一、题记题刻

在对大殿进行现场测绘及大修勘察时发现了不同年代字样的题记,其中以标记建筑构件名称及位置为主,少数会写明修缮年代、修缮者姓名等,如后檐外金柱天花以上柱身记有:"光绪元年修里",东北角顺梁写有"建华营造厂修建""1955年修建少年宫""张传恒"等字样(图Y2-6-1),具体见表2-1。

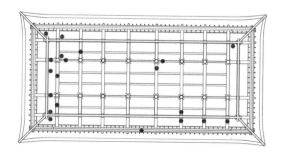

表2-1 寿皇殿大殿题记标注信息①

编号	朝向	内容	题记形式
1	向东	"光绪元年修里"	黑色毛笔字
2	向西	西北角角梁下枕头木"前□两□"	黑色毛笔字
3	向北	"太兴木"	金色毛笔字
4	向北	柱子分瓣上题苏州码	黑色毛笔字
5	向东	"大展（殿）西山东一逢（缝）"	黑色毛笔字
6	向南	童柱"向西"	黑色毛笔字
7	向南	"大展（殿）西山东逢（缝）后里围金柱""共用□□□"	黑色毛笔字
8	向东	"大展（殿）西山南一逢（缝）"	黑色毛笔字
9	向南	柱子分瓣上题苏州码	黑色毛笔字
10	向东北	"红松分辨廿八块"	黑色毛笔字
11	向南	"大展（殿）东一逢（缝）修里□共用□□□"	黑色毛笔字
12	向下	"衡水县木工□中□"	白色粉笔字
13	四向	柱子分瓣上题苏州码和"向东""向西""向南"	黑色毛笔字
14	向南	"建华营造厂修建""1955年修建少年宫""张传恒"	白色粉笔字
15	向北	柱上有卯口	黑色毛笔字
16	向南	上檐"大展（殿）东三缝前瓜南"	黑色毛笔字
17	向东	上檐"大展（殿）东山重一缝中瓜南□"	黑色毛笔字
18	向东	上檐"大展（殿）东山□"	黑色毛笔字
19	向上	上檐"上言大展后言明间□□"	黑色毛笔字
20	向南	上檐"大展西四缝前下金瓜柱"	黑色毛笔字

① 注：□内表示未识别出的字。

在组群大修过程中，还拍摄记录了一些重要的瓦件铭文信息，具有代表性题记内容整理如图Y2-6-2所示。

从以上款识来看，标注的内容包括历史年代、建筑名称、督造机构、烧造窑作、窑作匠人等信息。

（1）部分筒瓦内部标记有历史年代，如"乾隆庚寅年造"，乾隆庚寅年为乾隆三十五年（1770年），这说明寿皇殿在该年进行过修缮，从印记形式来看共有阳刻和阴刻两种，阴刻筒瓦所在位置为神厨，阳刻筒瓦所在位置为西配殿，可见在同一次修缮中，同座组群不同建筑所用的窑厂瓦件不尽相同。

（2）标记有督造机构，在西配殿板瓦中刻有"工部"字样。

（3）宫廷内务府督造官方窑作戳印，如神厨筒瓦阴刻"西你造""天作六造"，勾头筒瓦阳刻"一作成造"。西配殿板瓦阴刻"三作张造""西作□造"等。其中的"一作、三作、天作、西作"等均为窑厂名称，"张""陆"为匠人姓氏，标记有匠人姓氏的款识同时刻有同义满文，满文在左，汉文在右，是清代官印的典型特征。

（4）部分正吻卷尾釉面标记有代表建筑等级的"天、地"字样，釉色会有所区别，"天"

字黄色更正，"地"字黄色偏红，二者均刻有"景山"二字，标识了瓦件的位置独特性。

（5）大殿压当条手工雕刻有"紫光阁1""紫光阁2""紫光阁3""紫光阁4"等字样，应是在某次修缮中从紫光阁调拨过来的瓦件。

二、露陈石作

南砖城门石狮（见图Y2-6-3）按照传统左雄右雌的方式摆置，雄狮足踏绾花结带绣球，雌狮脚踩鬃毛披散小狮，每座石狮由狮子和须弥座两部分组成。石狮以塌腰姿势坐卧，头身比例和谐，偏重写实，与真实的狮子十分相近，其头部细节刻画极其细腻，成排鬃毛呈旋涡状整齐排列而下，最下一圈鬃毛数达到13个，已是可见石狮中数量最多、级别最高的。狮子嘴边两列鬣毛顺着脸颊呈卷毛状，是乾隆朝石狮雕刻中常见佛教含义的表达形式。狮子额头饱满，双耳半抿，卷云眉纹水平排列，三卷向内，一卷向外，眼睛呈圆柱状水平凸出，三角形元宝鼻与肥厚上唇形成鲜明对比，嘴微张，咧至脸后，憨态可掬，下巴两撮须髯呈波纹状。石狮的前胸浑圆，小腹微收，躯体修长，脖颈处由宽大绶带悬挂两銮铃三缨穗，五只叭嘎兽头分别叼携，绶带以细丝带穿扣，结扣造型类绾花结带状，丝带飘逸于后背脊

图Y2-6-2 瓦件铭文内容记录

椎，尾部呈卷曲状沿脊背向上盘绕，使背部装饰性得到了最大强化。石狮的四肢粗壮有力，肌肉发达，前后腿的前部均刻有十一道盔甲纹，花纹数量是现存石狮中所见最多者；腿后部雕刻细腻曲卷毛；四爪肥厚关节粗大，四指紧并，较为尖锐，整体雄壮又不失温和。与石狮高度相比，须弥座相对较矮，追求沉稳，雕刻精美细腻，上面满铺六瓣花饰锦铺，四角雕刻如意卷云纹，锦铺吊铜钱币从四面垂下，圭角处线刻三朵回形花纹，未做奶子状。上、下枋采用素面不做雕刻的做法，上、下枭雕八达马莲瓣花纹，束腰处角部刻玛瑙柱子，内部雕椀花结带，椀花头部有一朵八瓣向阳花，十分少见。

关于石狮的造型比例，刘大可在《中国古建筑瓦石营法》中提出过要求："须弥座与狮子高度之比约5：14，须弥座的长宽高之比约为12：7：5，狮子的长宽高之比约为12：7：14。"通过现场测绘可知：石狮高2006mm，长2408mm，宽1407；须弥座高742mm，长2780mm，宽1780mm，须弥座长宽高之比为19：12：5，与刘大可所述比例相差较大，须弥座与石狮高度之比为1：2.7，与5：14的比例相近，狮子长宽比与12：7的比例相符，只是在狮子高度上略有出入，但大致遵循基本的石狮雕刻比例。值得注意的是，刘大可所提比例多为民间普遍做法，与乾隆皇家石狮要求未必相符，仅做参考。

寿皇门前石狮（图Y2-6-4）原不属于寿皇殿，来历尚不清楚。石狮采用坐立躬身姿势，长1992mm，宽1480mm，高2150mm；须弥座长1752mm，宽1280mm，高643mm。石狮的头相对身体较小，胸脯前突，腹部收敛，后腿短细，整体造型较为夸张，前腿后部生动刻画出腿部关节，背部丝带较窄，绾作二结，采用减地平钑的雕刻手法，头部圆中带方，额头高凸，脑后布满旋涡卷发，两眼间距很大，其余五官挤在一起，两道卷云眉在紧促的眉心纠结，表情狰狞，微张的口

图Y2-6-3 南砖城门石狮

图Y2-6-4 寿皇门石狮

中露出圆润的舌头，使整个造型多了几分憨态。石狮前胸銮铃下极写实地雕刻有鬃毛，两只前腿正面雕刻圆形图案，十分少见。石狮座下须弥座为长方体，做满面雕刻，上下共五部分，不做圭角；束腰金刚柱与上、下枋相接，柱上海棠池内雕刻不同花束；下枋周圈雕刻二十种极具生活化的小装饰；上、下枭雕刻八达马花瓣。此外，雌雄石狮须弥座上面的锦铺造型略有差异：雌狮锦铺纹饰更加清秀，富有条理；雄狮锦铺更加粗犷豪放，花朵枝蔓飞舞，与绣球彩带缠绕在一起，

略显随意。锦铺四角下垂，各面花朵类型不尽相同，共分八类，包括菊花、海棠、牡丹等，题材十分丰富。

大殿台基上有露陈须弥座八座，其中铜鹤、铜鹿各两座，铜鼎炉四座，造型上比较多元化，形式、尺度、纹样、做法等各方面都有较大差异。铜鹤下露陈座（图Y2-6-5）自下而上依次为圭角、下枋、下枭、束腰及上枋五部分，与常见须弥座相比省去了上枭；圭角与上枋无装饰，下枋成为雕刻纹样的重点，四面满刻椀花蔓草，搭配蝠状云纹和曼妙丝带，极为灵动；下枭与下枋之间省去了皮条线的过渡，八达马花瓣雕刻精美，包皮、云子清晰可见；束腰用简单的串珠造型作为结束，强化明暗对比，加强了垂直方向多段式构图以及水平线条，无疑是点睛之笔。铜鹿须弥座（图Y2-6-6）构造与纹饰都与铜鹤须弥座不同，不仅省去上枭，更去掉了下枋，圭角得以增高，纹饰未采用四面满刻椀花蔓草的做法，简单搭配水浪纹，简洁大方。

铜鼎炉（图Y2-6-7）须弥座造型与上部铜鼎相呼应，平面采用圆形，立面自下而上依次为圭角、双层下枭、束腰、双层上枭及上枋七部分，圭角很高，以此增加须弥座整体高度，同时也与铜鼎炉比例相协调，圭角纹饰与鼎炉形象相呼应，位于座底的四段回形纹恰似鼎炉的炉腿，

"炉腿"间下端向内凿入很深，上端用自然曲线如意纹连接，尽显柔美。须弥座用素面下枭代替下枋，不仅符合圆柱体造型，同时将上部雕刻与圭角巧妙分离，使整体造型更有层次感。上下枭用八达马满铺一周，在细节刻画上与铜鹿、铜鹤须弥座八达马有所区别，在花瓣中间部分向内收敛，分散为三朵花瓣式卷云纹，为常见的八达马造型。束腰部分的椀花蔓草枝条更加纤细轻盈，含而不露，恰到好处。

寿皇门台基东西两侧各有一座须弥石座（图Y2-6-8），长1710mm，宽1110mm，高815mm，原为铜质石狮露陈座，其上表面满铺方巾锦纹，正中有序排列菱形花纹，四边镶嵌花边，垂吊铜钱币，包含"金碧辉煌"的寓意，这种满铺方巾的做法在明清宫殿中较为常见，尤其在陈设铜质神兽时均做满雕。立面造型自下而上依次为圭角、双层下枋、下枭、束腰、上枭、双层上枋，比典型须弥座增加了两层枋，这种做法往往用于增加总体高度，或重复素材形象，起强调作用，从而取得视觉上的美感。圭角满刻椀花，使造型与装饰巧妙融合，外层上下枋延续清朝常见的串枝宝相花做法，内层上下枋雕刻蔓草，起到承上启下的作用，上下枭雕刻八达马，花瓣中部向内收拢，并在表面装饰三幅云。整座石座中最为突出的束腰部分用双狮戏球取代了常见的椀花结带，

图Y2-6-5 寿皇殿铜鹤露陈座

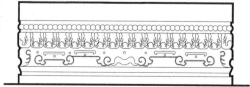

图Y2-6-6 寿皇殿铜鹿露陈座（左）

图Y2-6-7 寿皇殿铜鼎炉（右）

这种装饰形式在北京故宫乾清门铜狮须弥座中也有出现，但寿皇门小狮比乾清门的更加形象逼真，后者小狮前肢趴卧，缺少活力，寿皇门的小狮姿态活泼，充满生气，细节刻画极为精细，前爪、脖颈处铃铛结带以及蓬松飘舞的后尾，都逼真地展现出飞奔愉悦的动态，绣球的雕刻也十分精美。

图Y2-6-8 寿皇门露陈座

注释

1　乾隆时期初建时为一对雌雄铜狮，坐于须弥石座之上，后不知遗失何处，仅存须弥石座，现为两座石狮。

2　现为四十二座。

3　包括由三座牌楼建筑轴线围合成的方形空间面积。

4　置于墩斗之上拉结前后里金柱的通长木枋，因上有题记"足角枋"而命名，另在1945年测绘图中标记为"跨空枋"。

5　跨空枋的做法是明清官式建筑柱网的一大特点，在已知明清大型重檐庑殿建筑中，寿皇殿的构架结构最为简洁。

6　以清式营造尺寸为准，1清尺≈31.8cm。

7　郭华瑜在《北京太庙大殿建造年代探讨》里提到："在大殿草架明间脊檩及随檩枋上绘彩画是明代在一些等级特别高的庑殿顶殿堂建筑中的共同做法，太庙戟门、正殿、二殿、三殿及天坛皇乾殿、故宫保和殿等建筑中即是。"载《故宫博物院院刊》，2002年6月。

8　见于喜仁龙拍摄老照片。

9　从1945年测绘图中可以依稀辨认寿皇门山面斗拱确实存在齐心斗。

10　在1945年北京市中轴线测绘图中，燎炉戗脊上跑兽为龙、凤两只，但现在仅剩龙一只，通过现场观察可发现，龙与仙人和戗兽之间的间距较大，且龙下扣脊筒瓦较其他脊瓦明显更新，因此判断戗脊上应为两只跑兽。

11　其上用墨线写有"东配殿北山承椽枋"。

12　五架梁为上下两根木料拼接而成。

13　《皇朝通典》卷之四六："雍正元年四月，世宗宪皇帝恭奉圣祖仁皇帝御容于寿皇殿中殿，殿在景山之东北，先是奉谕，朕受皇考深恩四十余年，未尝远离，皇考升遐无由再瞻色笑，今追想音容，宛然在目，御史莽鹄立精于写像，昔日随班奏事，常观圣颜，皇考有御容数轴，今皇考年高，圣颜微异于往时，著莽鹄立敬意御容悉心熏沐图写，寻莽鹄立恭绘圣祖仁皇帝御容成，捧进于养心殿，世宗宪皇帝瞻仰，依恋悲怆不胜，命俟梓宫发引后敬谨供奉于寿皇殿，至是亲诣行礼，自后岁时奠献日，以为常遇圣诞忌辰元旦令节，世宗宪皇帝皆先诣奉先殿，复诣寿皇殿，展谒奠献，着为定礼。"台湾商务印书馆，四库全书影印版，第23-24页。

14 《皇朝文献通考》卷一百十八，台湾商务印书馆，四库全书影印版，第13-14页。

15 雍正十一年十二月二十八日奏销档："查得寿皇殿所挂春绸袷幔，纺丝单幔衣、素面绫里书阁帘俱系雍正元年成造。因地震之后于雍正十年敬谨修理，寿皇殿见新。看得春绸纺丝幔俱系鹅黄香色，已经十年，糙旧落色，书阁帘绫里斑渍落色，臣允礼传交换做春绸袷幔三架，纺丝单幔一架，衣素面绫里，书阁袷帘十八架。"源自中国第一历史档案馆电子档案。

16 《皇朝文献通考》卷一百十八，台湾商务印书馆，四库全书影印版，第15页。

17 "惟太祖、太宗、世祖圣容、列后圣容向于体仁阁函奉尊藏，未获修岁时展谒之礼，粤稽前代安奉神御或于宫中别殿，或于寺观净宇，本无定所，国家缘情立制，宜极明备，周详敬念列祖创垂显承，斯在永怀先泽，瞻仰长新，式衷庙祫之仪，期协家庭之制，应即于寿皇殿增修丹膜，恭迎列祖列后圣容，敬谨奉安，于岁朝合请悬供，肃将祼献，以昭诚悫。"《皇朝通典》卷之四六，台湾商务印书馆，四库全书影印版，第30页。

18 《钦定大清会典图·卷九·礼九·祀典九》，线装书局，2006年4月第1版，第十八册，第88页。

19 《钦定大清会典图·卷九·礼九·祀典九》："凡七龛南向，皆常悬供奉。"线装书局，2006年4月第1版，第十八册，88页。

20 《钦定大清会典图·卷九·礼九·祀典九》："太祖高皇帝圣容居中。东一座恭悬，太宗文皇帝圣容居中，孝庄文皇后圣容居左。西一座恭悬，世祖章皇帝圣容居中，孝惠章皇后圣容居左，孝康章皇后圣容居右。东次座恭悬，圣祖仁皇帝圣容居中，孝诚仁皇后居左，孝恭仁皇后居右。西次座恭悬，世宗宪皇帝圣容居中，孝敬宪皇后圣容居左，孝圣宪皇后圣容居右。东又次座恭悬，高宗纯皇帝圣容居中，孝贤纯皇后圣容居左，孝仪纯皇后居右。西又次座恭悬，仁宗睿皇帝圣容居中，孝淑睿皇后圣容居左，孝和睿皇后圣容居右。东侧一座西向恭悬，宣宗成皇帝圣容居中，孝穆成皇后圣容居左，孝全成皇后圣容居右。西侧一座东向恭悬，文宗显皇帝圣容居中，孝德显皇后圣容居左。东侧二座西向恭悬，穆宗毅皇帝圣容居中，孝哲毅皇后圣容居左。"线装书局，2006年4月第1版，第十八册，第89-90页。

21 张富强：《景山寿皇殿历史文化研究》，北京，金城出版社，2012年8月第1版，第65-67页。

22 《钦定大清会典图·卷九·礼九·祀典九》，线装书局，2006年4月第1版，第十八册，第88页。

23 乾隆五十二年六月内务府奏案，奏为遵旨查明寿皇殿供奉屏风事折："寿皇殿供奉屏风五座，敬谨详细查勘，其搭脑下座俱系楠木胎，深雕玲珑筛扫，金罩漆边框系杉木胎，朱漆金线做法，此项活计系于乾隆十五年成造，每年十二月二十八日安设，次年二日拆收，一年两次拆安，现榫卯脱坏，边框伤损三根，漆饰爆裂实系应修之项，详查当时做法，其合角入榫处并无铁活包裹，是以历年拆安，不无动摇伤损，今拟将地仗整砍，其入榫处下槽用铁叶包角，外做灰麻布地仗，漆饰见新，庶可垂之久远，用昭敬谨，至金漆一项，臣等详细查看，虽历年稍久，其金色诚如圣谕，纯古浑朴，所有深雕玲珑云龙等项，止须搅抹拂拭，去其尘垢，即可一律光鲜，至大耀等零星小件，本系另行安钉，年久自难保无残损脱落，应令该处照式粘补齐全，均无庸全行见新，以存其旧。"中国第一历史档案馆，奏销档403-235。

24 《皇朝文献通考》卷一百十八，台湾商务印书馆，四库全书影印版，第16页。

25 《钦定大清会典图·卷九·礼九·祀典九》，线装书局，2006年4月第1版，第十八册，第91页。

工程篇　Engineering

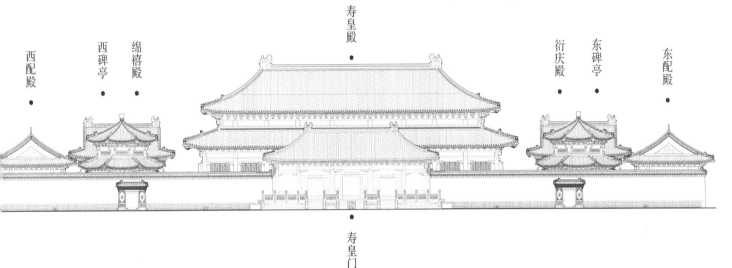

西配殿　西碑亭　绵禧殿　寿皇殿　衍庆殿　东碑亭　东配殿　寿皇门

第一章　现场勘察与方案设计
Chapter 1 Investigation and Project Design

现场勘察是保持文物建筑真实性、完整性和延续性的重要程序，主要采用表面观察和局部探查的方式，对寿皇殿文物建筑的形制、环境、保存状态、建筑损伤、病害等进行勘察、探查和检测，而后对建筑现状进行综合性分析研究，给出保存现状的结论性意见，进而编制《寿皇殿修缮工程勘察设计文件》。

Site investigation is an important procedure for whether cultural relics can maintain authenticity, integrity and continuity. It mainly adopts the methods of surface observation and local exploration to investigate, and detect the form, environment, preservation state, building damage, disease, etc. of Pavilion of Imperial Longevity cultural relics, and then carries out comprehensive analysis and research on the current situation of the buildings, and gives the concluding opinions on preservation status quo, and then compiles "The Survey and Design Document of Pavilion of Imperial Longevity Repair Project".

第一章　现场勘察与方案设计

执笔人：张凤梧　周悦煌

现场勘察是保持文物建筑真实性、完整性和延续性的重要程序，主要采用表面观察和局部探查的方式，对寿皇殿文物建筑的形制、环境、保存状态、建筑损伤、病害等进行勘察、探查和检测，而后进行建筑现状综合性分析研究，给出保存现状的结论性意见，进而编制《寿皇殿修缮工程勘察设计文件》。

第一节　资料搜集

进入寿皇殿现场勘察之前，设计部门首先制定了详细的勘察计划，对寿皇殿的历史档案、图纸进行了细致的查找，做了大量信息资料的准备工作。查找的资料包括清代内务府奏案、清代工程做法册、清帝起居注、清实录、清帝朱批奏折、寿皇殿历次修缮图纸、天津大学测绘资料图纸及寿皇殿建筑历史照片等（图G1-1-1～图G1-1-9），这些资料有助于查清组群的营造年代、历史变迁、损毁情况以及修复年代的经济情况等。在进行书面资料查找的同时，设计部门还走访了在景山工作多年的职工，向他们询问房屋的使用状况和问题，收集整理了大量的口头资料。

在此基础上，明确勘察的主要目的。首先，查明建筑由于自然因素造成的结构损坏，包括建筑基础是否变形、下沉、倾斜和坍塌；结构是否

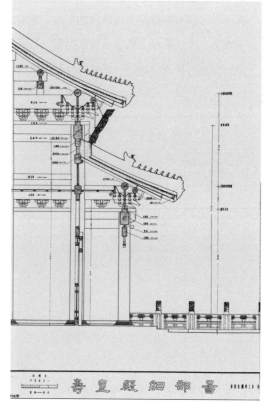

图G1-1-1 民国二十三年（1934年）寿皇殿测绘图（左）

图G1-1-2《钦定日下旧闻考》中关于寿皇殿的记载（右上）

图G1-1-3 民国二十三年寿皇殿测绘图（右下）

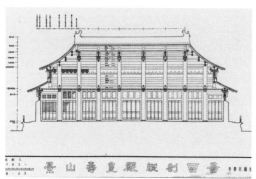

被发现，如屋面基层情况、封闭顶棚内梁架情况等，除了根据屋面瓦件、天花等破损的表象进行推测，还采取了开检查口、局部探查等方法。同时，对条件实在不允许勘察但有可能出现损害的隐蔽构件、部位，如天沟等，进行重点标注，留待施工过程中作进一步的勘察。

对寿皇殿建筑的形制、环境、保存状态、建筑损伤、病害进行的现场勘察、探查和检测，为保护工程提供了基本依据。然后对建筑现状进

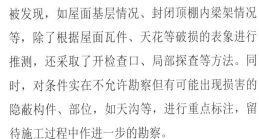

图 G1-1-4 寿皇殿神库做法册（左）

图 G1-1-5 寿皇殿南砖城门历史照片（右）（1925年喜仁龙拍摄）

图 G1-1-6 寿皇殿南牌楼历史照片（左）

图 G1-1-7 寿皇殿大殿历史照片（右）

图 G1-1-8 寿皇门历史照片（左）

图 G1-1-9 寿皇殿东碑亭历史照片（右）

变形、失稳；建筑构件是否糟朽、断裂；屋面是否渗漏等。其次，查明由于人为因素造成的损坏，包括历史上维修的变化情况，以及由于使用所造成的改变等。

在勘察时主要采用表面观察和局部探查的方式，由于很多隐蔽部位的损坏在表面勘察时不易

行综合性分析研究，给出文物建筑保存现状的结论性意见。在此基础上，编制《寿皇殿修缮工程勘察设计文件》，详细说明文物本体病害和损伤的性质、程度，设计依据，工程性质以及工程实施的必要性和保护措施的合理性、科学性、可靠性，具体情况见表1-1。

表1-1 寿皇殿建筑及院落基本情况统计

编号	建筑名称	建筑面积(m²)	建筑描述	备注
1	寿皇殿	建筑：1294.63 月台：752.95	面阔九间，须弥座台基，汉白玉栏杆，黄琉璃重檐庑殿屋面	月台上有附属文物，铜香炉四只，铜鹤一对，铜鹿一对，均置于青白石雕刻基座之上 曾用作少年宫礼堂
2	寿皇门	431.31	面阔五间，须弥座台基，汉白玉栏杆，黄琉璃瓦庑殿屋面	1983-1985年复建 曾用作少年宫会议室
3	西山殿	206.13	面阔三间，须弥座台基，汉白玉栏杆，黄琉璃瓦歇山屋面	曾用作少年宫舞蹈室
4	东山殿	206.13	同上	曾用作少年宫合唱室
5	西碑亭	122.43	八边形，须弥座台基，汉白玉栏杆，重檐黄琉璃攒尖屋面	内供石碑一统
6	东碑亭	122.43	同上	内供石碑一统
7	西配殿	298.72	面阔五间，三面廊，黄琉璃歇山屋面	曾用作少年宫管弦乐室
8	东配殿	298.72	同上	曾用作少年宫舞蹈室
9	西燎炉	10.80	黄琉璃基座及正身，绿琉璃额枋，黄琉璃歇山屋面	—
10	东燎炉	10.80	同上	—
11	西值房	128.59	面阔七间，前廊，黄琉璃卷棚硬山屋面	曾用作少年宫办公室
12	东值房	128.59	同上	曾用作少年宫办公室
13	东井亭	36.60	面阔一间，方形，黄琉璃四角盝顶屋面	—
14	西井亭	36.60	同上	—
15	神厨	137.53	面阔五间，前廊，黄琉璃悬山屋面	曾用作少年宫放映室
16	神库	137.53	同上	曾用作少年宫陈列室
17	砖城门	99.40	三券，须弥座，七楼黄琉璃庑殿、悬山屋面	—
18	西南砖城门	17.49	须弥座，黄琉璃庑殿顶屋面	—
19	东南砖城门	17.49	同上	—
20	西角门	11.96	须弥座，黄琉璃庑殿顶屋面	—
21	东角门	11.96	同上	—
22	寿皇门西角门	10.93	须弥座，黄琉璃庑殿顶屋面	—
23	寿皇门东角门	10.93	同上	—
24	东、西随墙门	1.94×2	过木随墙门	—
25	北门	6.10	随墙门式	后开随墙门，作为消防门使用
26	宫墙	总长：899.46m 内宫墙：301.53m 外宫墙：540.53m 曲尺墙：57.4m	城砖下碱、抹灰上身，黄琉璃屋面	外宫墙北侧墙体为景山公园外围墙
27	院落铺装	—	青白石御路，城砖海墁	—
	总建筑面积	3797.68m²（含构筑物面积）		
	总占地面积	21531.65m²		

第二节　本体勘察

现寿皇殿院落总体格局清晰，基本保持历史原状。文物建筑本体局部被人为改动，地面、墙体及装修都有不同程度的拆改、破损；部分建筑由于使用方根据使用功能对其进行拆改，造成部分原有形制的改变，具体情况如图G1-2-1～图G1-2-4所示。

勘察中发现建筑存在的主要问题：使用功能的改变，对原有建筑的拆改、改造及现代设施使用的随意性，很大程度上对文物本体产生了负面影响，甚至造成了破坏性的损伤。建筑本身历经二百六十多年，自身的材料老化，自然力的破坏、侵蚀也对其造成不可避免的损伤（见图G1-2-5～图G1-2-8）。通过现场勘察，建筑及环境总体残损情况如下文所述。

图G1-2-1 寿皇门（左）

图G1-2-2 神库（右）

图G1-2-3 寿皇殿大殿（左）

图G1-2-4 西井亭（右）

图G1-2-5 寿皇殿大殿室内舞台（左）

图G1-2-6 寿皇殿大殿室内下碱墙（右）

图G1-2-7 寿皇殿大殿外金柱（左）

图G1-2-8 寿皇殿大殿室内铺砖（右）

一、建筑整体

1. 建筑大木构架

除寿皇殿柱子、挑尖梁、三架梁、五架梁、天花梁、大额枋、承椽枋为包镶、拼攒而成，其他各殿座大木构件柱、梁、枋均非拼合做法。

寿皇殿大木构件采用包镶做法，经后代修缮，局部构件打铁箍，见图G1-2-9。天花梁、管脚枋、正心檩普遍拔榫，见图G1-2-10。角梁有拔榫、糟朽现象，翼角均存在不同程度下沉，见图G1-2-11。

2. 台基及基础

寿皇殿、寿皇门、山殿、碑亭坐落在青白石须弥座、汉白玉望柱栏板台基之上。其他建筑的台基为青白石阶条、砖台帮或石陡板。

个别建筑台基有下沉、外闪现象。寿皇殿须弥座均外闪20～40mm；西配殿南侧台基下沉约50mm，神库北侧台基局部下沉12mm。局部构件存在断裂现象，见图G1-2-12和图G1-2-13。近几年观察未见明显变化，应对其进行结构检测。其他建筑未见明显损伤。

石质构件主要为青白石及汉白玉，大部分由于自然风化、年久失修造成了缺损，局部构件疑为后期添配，尺寸、材质等均有较大差异。石材多有位移、走闪情况，导致水气渗透、冻胀，加剧了石材表面的风化。台基部分的石构件走闪后，雨水由缝隙侵入，加剧石材下砖体墙的反复冻胀，易使石构件因受力不均而产生损伤。

砖砌台帮均为大城砖干摆十字缝做法，普遍存在酥碱、破损情况，神厨、神库及东西值房较为严重，出现大面积抹灰划缝或抹水泥面层。

3. 建筑墙体

建筑墙体主要有清水墙、混水墙及琉璃面层三种做法。墙体大部分基本稳定，局部存在墙体开裂、外闪情况。东配殿南山墙及西配殿两山墙开裂、外闪，神库北山墙外闪。缝宽最大为50mm。

图G1-2-9 寿皇殿大殿梁井口天花用铁吊杆拉结

图G1-2-10 寿皇殿大殿枋柱间有拔榫（左）

图G1-2-11 寿皇殿垂带有沉降（右）

图G1-2-12 配殿垂带石断裂破损（左）

图G1-2-13 须弥座垂带断裂（右）

清水墙主要用于墙身下碱，采用大城砖干摆十字缝砌筑方式，普遍存在酥碱、破损、污染情况。

混水墙主要用于墙体上身，为糙砌抹灰做法。外檐红灰罩面，现普遍存在褪色、抹灰空鼓和脱落情况，管线问题影响严重（见图G1-2-14）。内檐墙面现大部分已改变原有做法，为抹灰或抹砂浆打底，面层刷白色灰浆或涂料，西配殿现内墙面改为吸音板墙面。内檐墙和廊心墙局部可见包金土罩面并刷大青界红白线墙面，罩面褪色，抹灰酥碱、粉化。后檐墙普遍存在拆改、后开窗现象，如寿皇殿、东西正殿、神厨、神库，见图G1-2-15。

琉璃面层墙体主要用于寿皇殿、寿皇门、东西正殿、碑亭的槛墙及墙体下碱，室外部分出现破损、缺失、掉釉等情况，室内部分拆改、破损、缺失情况较为严重。

4. 建筑地面

建筑室内地面大部分是后代使用时改变了地面做法，有的在原地面上加设木地板，有的改为地砖地面或水泥地面，部分建筑可见原有地面。寿皇殿地面为二尺方砖，局部被木地板覆盖；寿皇门为水泥地面，西正殿为尺七方砖地面，东正殿为木地板覆盖，碑亭为尺七方砖地面，东西配殿为木地板地面，东西井亭为水泥地面，神厨、神库为地砖地面。除碑亭地面保存较好外，原方砖地面普遍存在酥碱、破损现象，见图G1-2-16和图G1-2-17。

5. 屋面

屋面病害主要表现为屋面变形、渗漏、脊、瓦构件损伤、缺失等。受潮气、雨水、风、雪等自然因素影响，屋面琉璃构件普遍出现脱釉现象（见图G1-2-18），琉璃构件本体防水性能降低，少数构件由于受力不均或受冻胀作用力影响，产生断裂（见图G1-2-19）。受外力和自然环境的影响，瓦件连接处的捉节灰及夹腮灰开裂，瓦件间防水性被破坏。屋面常年渗漏使望板、椽子常年处于潮湿状态，易造成糟朽。漏雨严重的建

图G1-2-14 神库山墙满布管线

图G1-2-15 衍庆殿墙面破损毁坏

图G1-2-16 东配殿铺砖破损严重

图G1-2-17 神库台基垂带踏跺鼓闪破损

图G1-2-18 燎炉屋顶瓦件爆釉严重

筑包括寿皇殿、寿皇门、东西配殿、东西值房。大部分建筑屋面采用了新中国成立初期常规的修缮方法，即刷防水沥青油膏的做法，与传统做法严重不符，室内可见大面积沥青渗漏痕迹。

6. 装修

由于部分建筑使用功能发生改变，原装修缺失、拆改严重。寿皇殿槛、框均有锯断痕迹，

图G1-2-19 神厨屋面瓦件大面积爆釉，捉节灰脱落

图G1-2-20 寿皇门室内装修更改较大

图G1-2-21 寿皇殿大殿室内装修更改较大

图G1-2-22 寿皇殿大殿梁架彩画破损

局部（如高处的横披窗）留有原始痕迹。东西正殿、寿皇门被后加门窗完全封闭（见图G1-2-20），寿皇殿部分开间隔扇门改为槛窗（见图G1-2-21），后檐开窗洞，现已经影响到建筑的完整性，建筑历史风貌被改变。

7. 油饰、彩画

油饰普遍存在褪色、龟裂、开裂、脱落，局部裸露木基层的现象。

现中轴线上的建筑如寿皇殿、寿皇门内外檐均为金龙和玺彩画，其总体形制为历史原状，局部后期重绘部分存在偏差。中轴线两侧东西正殿、东西碑亭的内檐现为金龙和玺彩画，外檐为后作一字枋心雅伍墨旋子彩画；东西配殿内檐局部存有清中早期旋子彩画，外檐为后作一字枋心雅伍墨旋子彩画；东西井亭内外檐均为一字枋心雅伍墨旋子彩画；神厨、神库内檐现无彩画，外檐为一字枋心雅伍墨旋子彩画；东西值房现无彩画。

由以上情况分析可知，目前彩画等级排序为：中轴线建筑彩画等级高于中轴线两侧建筑彩画，内院建筑彩画等级高于外院建筑彩画。

现状勘察情况如下。

（1）寿皇殿：内檐金龙和玺彩画有保存时间较长的老彩画和后期重绘的新彩画两种。现存老彩画为两色金做法，细部枋心头为硬式，线光为软式，见图G1-2-22。新彩画线光均为软式，枋心头有软式和硬式两种。老彩画局部破损、空鼓、开裂脱落情况严重。外檐后作金龙和玺彩画，以黄代金，枋心头、线光均为硬式，整体褪色严重。分析认为，整体彩画制式与历史记载基本相同，现存老彩画制式与清中期彩画特点基本一致，可以作为修缮依据，后期新作彩画细部与老彩画有偏差。

（2）寿皇门：内外檐彩画均为1983—1985年重建寿皇门时新作和玺彩画，贴双色金，现保存较为完好，制式与历史记载相同，见图G1-2-23。

（3）东西顺山殿：内檐彩画为金龙和玺彩画，贴两色金，为保存时间较长的老彩画，现破损、开裂、脱落严重。前后廊步为按原制式后作金龙和玺彩画。外檐为1956年后作一字枋心雅伍墨旋子彩画，普遍褪色，外檐彩画制式较低，与内檐彩画不匹配，如图G1-2-24。分析认为，内、外檐原有彩画制式应为清中期金龙和玺彩画。

（4）东西碑亭：内檐彩画为金龙和玺彩画，贴两色金，为保存时间较长的老彩画。现表面污染、破损、开裂脱落严重。外檐为后作一字枋心雅伍墨旋子彩画，普遍褪色，外檐彩画制式较低，与内檐彩画不匹配。分析认为，内檐老彩画符合清中期和玺彩画特点（见图G1-2-25），外檐彩画制式错误。

（5）东西配殿：内檐后做的两层吊顶之上存有老彩画，为清早期制式的旋子彩画，现未见金，但可从沥粉、晕色上初步判定为烟琢墨石碾玉旋子彩画；吊顶之下现无彩画，有油饰。外檐为后作一字枋心雅伍墨旋子彩画，普遍褪色。外檐彩画制式较低，与内檐残存彩画不匹配，如图G1-2-26。分析认为内、外檐原有彩画制式应为烟琢墨旋子彩画。

（6）东西井亭：现内外檐均为后作一字枋心雅伍墨旋子彩画，普遍褪色。根据历史记载分析，其原始彩画形制应为墨线大点金旋子彩画，现状与历史记载不符。

（7）神厨、神库：内檐油饰未见彩画。外檐为后作一字枋心雅伍墨旋子彩画，普遍褪色。彩画历史制式不明，需要考证或参照同期建筑彩画修缮情况。

（8）东西值房：现无彩画，需要考证或参照同期建筑彩画修缮情况。

8. 宫墙

除外宫墙局部拆改为通道外，未见结构性损伤，基本稳定。下碱大城样三顺一丁干摆，上身靠骨灰刷红土浆，屋面七样黄琉璃瓦墙帽，冰盘

图G1-2-23 寿皇门新作彩画

图G1-2-24 衍庆殿外檐新作彩画与内檐等级不符

图G1-2-25 碑亭内檐老彩画

图G1-2-26 东配殿外檐新作彩画与内檐等级不符

檐。现散水缺失；墙体下碱部分风化、酥碱；上身墙皮大面积起鼓脱落，红灰褪色、脱落；屋面瓦件破损、缺失严重。

以上各建筑勘察评估状况可见表2-1。

表2-1 建筑勘察评估结论表

编号	建筑名称	大木（砌体）结构	安全评估结论	工程性质
1	寿皇殿	大木构件存在损伤，局部构件加木柱支顶	Ⅲ	重点修复
2	寿皇门	大木存在损伤，结构基本稳定	Ⅱ	现状修整
3	绵禧殿	大木存在损伤，结构基本稳定	Ⅱ	现状修整
4	衍庆殿	大木存在损伤，结构基本稳定	Ⅱ	现状修整
5	西碑亭	未见明显损伤，结构基本稳定	Ⅱ	现状修整
6	东碑亭	未见明显损伤，结构基本稳定	Ⅱ	现状修整
7	西配殿	大木构件存在损伤	Ⅲ	重点修复
8	东配殿	大木构件存在损伤	Ⅲ	重点修复
9	西燎炉	砌体结构基本安全		现状修整
10	东燎炉	砌体结构基本安全		重点修复
11	西值房	大木构件存在损伤	Ⅲ	重点修复
12	东值房	大木构件存在损伤	Ⅲ	重点修复
13	西井亭	大木构件存在损伤	Ⅱ	现状修整
14	东井亭	大木构件存在损伤	Ⅱ	现状修整
15	神厨	大木存在损伤，结构基本稳定	Ⅱ	现状修整
16	神库	大木存在损伤，结构基本稳定	Ⅱ	重点修复
17	南砖城门	墙体结构基本安全		现状修整
18	东南砖城门	墙体结构基本安全		现状修整
19	西南砖城门	墙体结构基本安全		现状修整
20	西砖城门	墙体结构基本安全		现状修整
21	东砖城门	墙体结构基本安全		重点修复
22	西琉璃门	墙体结构基本安全		现状修整
23	东琉璃门	墙体结构基本安全		现状修整
24	东、西随墙门	墙体结构基本安全		现状修整
25	北门	墙体结构基本安全		现状修整
26	宫墙	墙体结构基本安全		现状修整

注：评估标准如下。Ⅰ类，建筑承重结构中原有的损伤点均已得到正确处理，尚未发现新的残损点或残损征兆；Ⅱ类，建筑承重结构中原先已修补加固的损伤点，有个别需要重新处理，新近发现的若干损伤迹象需要进一步观察和处理，但不影响建筑物的安全使用；Ⅲ类，建筑承重结构中关键部位的残损点或其组合已影响结构安全和正常使用，有必要采取加固或修理措施，但尚不致立即发生危险。

二、院落环境

寿皇殿现有院落环境原状符合皇家规制，植物以常绿树桧柏为主，突出庄严肃穆的气氛。作为少年宫使用期间，根据使用要求对环境进行改造，增加了景观植物、临建及构筑物，院落铺装已非原制。

1. 院落铺装与树池

寿皇殿建筑群两进院落铺装面积共11928.36m²。御路石材风化缺损，两侧城砖散水已被更改。外院东侧靠近宫墙处可见少量老砖，为大城砖纵向海墁，砖体酥碱破损。其余院落铺装全部为后做，包括水泥方砖地面、水泥地面、蓝机砖地面等。地面标高、坡度均影响雨水排放。具体统计情况见表2-2和表2-3。寿皇殿共有青白石雕刻文物树池（如图G1-2-27）42个，全部分布在内院；现代水泥砖立砌、蓝机砖平砌树池及种植池共100个，牙子总长1183.80m，其中内院分布13个，外院分布87个。内院文物树池普遍风化，个别变形破损严重，有些已被树根拱起。

2. 古树及非古树

寿皇殿院内、外院共有古树（见图G1-2-28）122棵，其中1级古树26棵，2级古树96棵。古树树种主要为桧柏（116棵）、国槐（5棵）、侧柏（1棵）。古树是活文物，是历史的见证，由于自然及历史原因，寿皇殿院内古树已部分缺失或被其他树种替代。

院内古树常年疏于管理，基础养护不到位，致使许多古树生长状况不良，树势衰弱，尤其外院南侧几棵亟待采取复壮措施。同时，由于古树周边有临建及其他构筑物，其生长环境受到一定干扰。寿皇殿内院、外院现有非古树74棵，主要树种有桧柏、毛白杨、钻天杨、毛泡桐、银杏等。一些对文物建筑环境干扰严重的树种如毛白杨、钻天杨、毛泡桐等应予以移除，内院文物树池内后补植的一些油松、侧柏长势不良，应替换为成型桧柏。

图G1-2-27 寿皇殿大殿台基前小树池（左）

图G1-2-28 寿皇殿内院古树（右）

表2-2　内、外院院落铺装现状勘察表

序号	勘察内容	材质	面积（m²）	现状简况
1	内院	御路	青白石、水泥方砖、水泥砖平牙子	121.92	共有青白石御路石23块，其中4块风化、破损明显。青白石条石30%风化严重，10%缺失。两侧已被改为水泥方砖散水。通过挖探坑，得知御路下为两层大城砖衬砖及灰土垫层
		海墁	水泥方砖、水泥砖平牙子	4310.45	全部为500mm×500mm水泥方砖地面，方砖已有破损，局部凹凸不平。东西碑亭台基下有水泥方砖散水。通过挖探坑，得知海墁地面下部为灰土垫层
2	外院	御路	青白石、水泥方砖、水泥地面	71.69	外院御路被喷水池截为南、北两段。喷水池处的青白石御路石现被铺墁在北段御路两侧散水位置，经核对并无缺失。喷水池处和南段御路外侧的青白石条石全部缺失。现南、北段御路共有青白石御路石27块，其中11块风化、破损明显。青白石条石20%风化严重，65%缺失。通过挖探坑，得知御路下有衬砖及灰土垫层
		海墁	水泥方砖、水泥地面、蓝机砖、水泥砖平牙子、大城砖	7424.30	大部分为500mm×500mm水泥方砖地面，方砖普遍破损，局部已用水泥补抹。外院东侧临建前为蓝机砖糙砌地面。外院东侧靠近院墙处可见少量老砖，为大城砖纵向海墁，砖体酥碱破损。通过挖探坑，得知海墁地面下部为灰土垫层

表2-3 内院文物树池现状勘察评估表

序号	材质	平面尺寸（mm）（东西向×南北向）	地面上高度（mm）	残损情况	种植树种	评估分级
1	青白石	2480×2480	390	风化严重；勾缝灰普遍脱落，水泥补抹；南侧被树根拱起，西侧局部缺损	毛白杨	B2
2	青白石	2480×2480	390	风化严重；勾缝灰普遍脱落，水泥补抹；东侧及西侧局部缺损	毛白杨	B2
3	青白石	2480×2480	390	风化严重；勾缝灰普遍脱落，水泥补抹；南侧及西侧被树根拱起，北侧局部缺损	毛白杨	B2
4	青白石	2480×2480	390	轻度风化；勾缝灰普遍脱落，水泥补抹；整体被树根拱起，北侧局部缺损	毛白杨	C2
5	青白石	2480×2480	390	轻度风化；表面污染	侧柏	A2
6	青白石	2480×2480	390	轻度风化；勾缝灰脱落，水泥补抹；北侧局部缺损，西侧石材走闪，水泥补抹	毛白杨	B1
7	青白石	2480×2480	390	轻度风化；勾缝灰局部脱落，水泥补抹	油松	A2
8	青白石	2480×2480	390	轻度风化；勾缝灰局部脱落，水泥补抹	侧柏	A2
9	青白石	2430×2430	390	轻度风化；东侧局部缺损	侧柏	B1
10	青白石	2450×2450	390	表面污染；东侧局部缺损	桧柏（1级）	B1
11	青白石	2450×2450	390	轻度风化；表面污染；勾缝灰局部脱落，水泥补抹；南侧局部缺损	油松	B1
12	青白石	2450×2450	390	表面污染；勾缝灰局部脱落，水泥补抹	桧柏（1级）	A1
13	青白石	2450×2450	390	表面污染；东侧及西侧局部缺损	桧柏（1级）	B1
14	青白石	2450×2450	390	表面污染；南侧局部缺损	桧柏（1级）	B1
15	青白石	2440×2440	390	轻度风化；基本完好	油松	A1
16	青白石	2450×2450	390	轻度风化；基本完好	无	A1
17	青白石	2450×2450	390	轻度风化；勾缝灰普遍脱落，整体被树根拱起，树池尺寸过小，已不能满足古树生长空间需要	国槐（2级）	C1
18	青白石	1750×1790	390	表面污染；勾缝灰普遍脱落，多处缺损，整体被树根拱起，树池尺寸过小，已不能满足古树生长空间需要	桧柏（1级）	C1
19	青白石	2450×2450	390	表面污染；东侧局部缺损	桧柏（1级）	B1
20	青白石	2450×2450	390	表面污染；基本完好	桧柏（2级）	A1
21	青白石	2450×2450	390	表面污染；勾缝灰普遍脱落	侧柏	A1

注：评估标准如下所述。

A级：损伤程度轻微。其中A1级为树池表面污染，石材基本完好；A2级为树池表面轻微风化。

B级：损伤程度较轻。其中B1级为树池表面轻度风化或污染，石材局部缺损；B2级为树池表面严重风化，局部石材缺损。

C级：损伤程度较重。树池整体被树根拱起，树池尺寸过小，不能满足树木生长空间需要。其中C1级为树池内植古树；C2级为树池内植非古树。

3.临建及构筑物等

院内遗留了大量少年宫使用时期的临建及喷水池、洗手池、路牌等构筑物（图G1-2-29～图G1-2-31），对院落环境和文物本体均有不良影响。

三、基础设施

院落内的现有基础设施包括采暖、给排水、供配电、避雷保护、消防系统以及弱电系统（广播、网络、消防报警）六个部分。基础设施主要存在以下问题：院内排水系统雨污合流，雨水收集口及管道淤积；院落给水系统混乱；明设水池及喷水池、室内采暖系统的散热器、院内明设消防水池以及箱式变电站、架空敷设线路等，严重影响文物建筑风貌的整体性并存在安全隐患。

1.排水设施

（1）内院墙出水口下部被掩埋。

（2）现有排水系统为后代增设，原有地面排水形式及做法由于年代久远及测绘条件不足已无从考量。

（3）院落东北角卫生间排水从院落北墙出，经化粪池，排入北侧市政管线。

（4）西井亭东侧有一污水渗井。

（5）院落雨水系统较为清楚。院内共有雨水篦子25个。院内雨水经过铸铁雨水篦子收集至雨水干管，后院雨水主干管为DN400，前院为DN600，分东西两侧对称排入景山公园。院内地面找坡不均。雨水无法完全汇集到雨水收集口。

（6）现院落西南侧两个排水管雨污合流。三个明设洗手池污水未处理，均直接排入邻近的铸铁雨水篦子。

（7）雨水收集口及管道淤积严重。管道材料不统一。部分管道老化，破损情况比较严重。

（8）井盖标注混乱。

2.给水设施

（1）寿皇殿院落内主要给水管道随暖沟敷设，管沟内个别给水管道与污水管道并排交错敷设，且距离不够，不符合规范要求。部分给

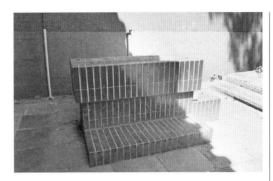

图G1-2-29 少年宫遗留洗手池

图G1-2-30 少年宫遗留服务建筑

图G1-2-31 少年宫遗留临时建筑

水管道直埋敷设至各给水点，具体走向长度深度不明。

（2）院内明设洗手池三个，分别在西配殿北侧、东配殿北侧和琉璃门西侧。寿皇门前设有一大型喷水池。院内三个明设水池及喷水池严重影响寿皇殿院落内文物建筑风貌。

（3）衍庆殿东侧设有一公共卫生间。

（4）寿皇殿内设有洗手盆。寿皇殿内所有给水管道均为明管敷设，严重破坏了大殿风貌。

（5）给水管道材质混乱，个别管道老化、腐蚀情况比较严重。

（6）井盖标注混乱。

3.采暖设施

（1）院内各殿均为集中散热器供暖。寿皇殿院落东、西、北院墙外均设有暖沟。热源由院

内锅炉房提供，经暖沟引至各殿。

（2）寿皇殿散热器为明装；其他各殿散热器为明装，外包暖气罩。散热器影响建筑风貌。

4.消防设施

（1）现有100m³的消防水池一座，位于前院西井亭与喷水池之间。消防水池为半地下敷设，高出地面500mm，通气孔、消防控制电箱均明设于地面，现由科普展板围挡，影响院内文物建筑风貌的整体性。

（2）前院设有2个消火栓，分别位于寿皇门东西两侧。后院设有4个消火栓，寿皇殿前东西两侧各有2个。

（3）殿内均设灭火器。

5.供配电系统及防雷保护

（1）寿皇殿北侧设有箱式变电站一座（1999年安装），315kV×2，并联使用。低压配电室设在西侧平房内，内装低压配电柜10台。

（2）院内绝大部分供电电缆年久老化，埋地、架空均有，敷设混乱。虽然个别建筑更新改造过，但整体不规范。

（3）室外配电箱体破损比较严重，室内配电设施及陈列、展示、办公照明灯具等陈旧老化，线路敷设明暗均有，比较混乱。

（4）室外景观照明灯具、线路陈旧老化，灯具与古建筑不协调。虽然1999年改造过，但常出故障。

（5）大部分建筑安装了屋顶防雷保护装置，但有些防雷装置使用时间较长，银粉脱落，接地装置不规范，接地引下线直接安装在古建筑结构柱上。接地引下线间距不符合规范要求。每座建筑均未安装过电压保护器。

6.弱电系统

（1）局域网设备安装在寿皇殿东侧。网络通信线路走线较混乱，通信线路分别由院外通信线路引入，架空、埋地均有，敷设不规范，易出故障。

（2）广播音箱陈旧，广播线路老化，敷设

不规范，虽然1999年改造过，但部分线路敷设在古建外围墙上。

（3）消防自动报警系统：火灾报警装置设在原少年宫北门门卫值班室；主要古建筑安装了感烟探测器、手报按钮及声光报警器，但安装方式不规范，不符合古建文物保护要求。线路架空明设在围墙上，线路比较混乱。

（4）未安装保安监控系统。

四、寿皇殿大殿现场勘察

寿皇殿大殿面阔九开间，四样黄琉璃瓦重檐庑殿，一层为重昂五踩斗拱，二层为单翘重昂七踩斗拱，东、南、西三面青白石须弥座台基，汉白玉栏板，南侧出月台，单体建筑面积为1294.63m²，月台面积为752.95m²。

具体勘察情况如下。

1.台明及地面

月台部分须弥座、地栿、栏板外闪严重，灰缝现在用水泥补抹。局部青白石残损，碎裂严重，青白石龙头缺失，须弥座局部构件、地栿酥碱、碎裂严重，见图G1-2-32。月台地面原斜墁大城样砖无存，现全部为水泥方砖。室内地面二尺方砖碎裂、酥碱严重，局部水电设施改造等对地面砖造成严重破坏，见图G1-2-33。

2.大木构件

柱子、挑尖梁、三架梁、五架梁、天花梁、大额枋、承椽枋均为包镶、拼攒而成，一层柱子包镶板厚约180mm，吊顶以上柱子包镶板厚约140mm。部分木构件用铁箍加固。东、西两侧的金柱柱根各糟朽3根、檐柱柱根各糟朽1根，天花梁、管脚枋、正心檩普遍拔榫。其中，最严重的为西南角1-1～1-2轴/C轴天花梁拔榫下沉150mm，拔榫80mm，现用木柱支顶，1-1～1-2轴/B轴正心檩拔榫45mm。一、二层四角角梁均糟朽、下沉，其中二层西北角、东南角角梁脱榫，二层西北角仔角梁糟朽长度约1350mm，东南角仔角梁糟朽长度约1550mm，5根仔角梁上表面糟朽

图G1-2-32 寿皇殿大殿须弥座台基局部酥碱断裂

30～50mm，6根由戗糟朽深度超过直径1/2。部分木构件扭转、干裂。斗拱构件变形错位，小斗缺失50%。西北角二次间平板枋拔榫下沉。北侧围脊枋及额枋拔榫最大约20mm。

3.屋面

四样黄琉璃瓦屋面漏雨严重，吊顶以上梁架、椽子、望板下皮多处有大片雨漏痕迹，部分望板下皮可见沥青痕迹，可见望板以上采用沥青油膏代替护板灰的做法，传统的苫背材料、工艺被改变。黄琉璃筒瓦、底瓦掉釉，见图G1-2-34，局部瓦件胎体断裂、残损，脊件残损，正当沟、斜当沟缺失；钉帽缺失，滴子残损缺失，仙人、小兽、剑把均有缺失。椽子、连檐瓦口等均有不同程度的糟朽。

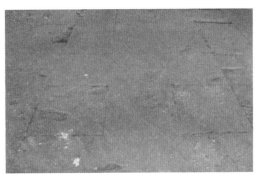

图G1-2-33 寿皇殿大殿室内铺砖破损

4.墙体

两山墙外侧上身红土子浆普遍褪色，琉璃下碱行龙大枋子、立枋子，龟背锦墙芯琉璃砖局部严重酥碱，局部缺角、开裂。槛墙外侧均为琉璃砖做法，行龙大枋子、立枋子，龟背锦墙芯琉璃砖局部严重酥碱，局部缺角、开裂（见图G1-2-35）。后檐墙除两稍间外，其余开间拆改严重，门窗洞均为后开。内侧琉璃砖下碱由于安装暖气

图G1-2-34 寿皇殿大殿屋面瓦件爆釉破损严重

图G1-2-35 寿皇殿大殿龟背锦琉璃下碱墙琉璃砖掉落

等设施，琉璃砖破损严重，所有室内墙体和廊心墙原包金土做法墙面无存，现为水泥砂浆做法，刷白色涂料。

5.装修

外檐装修拆改严重，南侧金步东、西二次间原隔扇门缺失，现为后改的槛墙及木窗，原槛窗和隔扇门全部缺失，横披窗尚存，局部有残损。吊顶天花支条整体变形，匾额缺失。北侧里围金柱装修、牌位桌全部缺失，现可见柱顶石上装修痕迹。现场情况可见图G1-2-36～图G1-2-38。

6.油饰彩画

（1）内檐。天花以上：明间脊檩、垫板、枋现存清中期金龙和玺彩画，保存尚好。龙鳞呈

鱼鳞状。天花以下：龙和玺彩画，西稍间挑尖梁、天花梁（已做大木加固）、天花枋彩画地仗酥裂，木骨外露。各种电线及穿管纵横，整体损坏严重。天花：为升降龙天花（龙鳞呈鱼鳞状）彩画，普遍褪色，天花龙纹氧化严重。天花彩画为后代绘制。现天花的井口线和方、圆鼓子线均以铜箔代替。岔角地颜色为三绿，应为二绿。后檐廊内现存清代晚期鲜花图天花，保存完好。现场情况见图G1-2-39～图G1-2-41所示。

（2）外檐。后代作龙和玺彩画，圭线光和枋心头均为硬式，现以黄代金做法。普遍褪色，廊内局部地仗破损开裂。柱头可见圭线光形斗拱（带黑老）保存基本完好，单批灰地仗局部脱

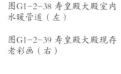

落。角梁彩画：金边框金老角梁，褪色严重。挑尖梁头彩画金边框片金西番莲纹，现状以黄代金做法。雀替彩画：现状为卷草低等级雀替彩画。雀替木骨损伤严重。上下架油饰局部龟裂严重，室内下架全部为白色油饰。（图G1-2-42）

图G1-2-42 寿皇殿大殿廊间彩画

第三节　修缮方案

《寿皇殿修缮工程勘察设计文件》包括设计说明和施工图纸两部分内容。

一、修缮设计依据

（1）《中华人民共和国文物保护法》；

（2）《中国文物古迹保护准则》；

（3）《关于在国家一级保护文化和自然遗产的建议》；

（4）《关于保护景观和遗址的风貌与特性的建议》；

（5）寿皇殿修建、历史档案资料；

（6）寿皇殿修缮工程勘察结果；

（7）寿皇殿修缮工程设计任务书；

（8）寿皇殿修缮工程专家意见（图G1-3-1）。

二、修缮设计原则

（1）景山是全国重点文物保护单位，其修缮工程应严格遵循不改变文物原状和最小干预的原则。

① 遵照文化遗产保护方面的有关公约和我国有关文物保护的法律法规，保持寿皇殿的总体风格，进行整体保护修缮，制定科学的修缮设计

景山寿皇殿建筑群修缮设计方案
专家评审意见

2014年3月19日北京市景山公园管理处在北京景山公园会议室组织召开了景山寿皇殿建筑群修缮工程方案专家评审会。与会专家对景山寿皇殿建筑群进行了现场踏勘，听取了北京华宇星园林古建设计所对修缮设计方案的介绍，认真审阅了设计文件。经过充分的讨论，形成专家意见如下：

一、原则同意景山寿皇殿建筑群修缮设计方案。

二、对景山寿皇殿建筑群修缮设计方案提出如下修改、完善意见：

1. 进一步细化价值评估，包括补充对元、明代遗构部位的勘察。

2. 建议将建筑修缮原则恢复乾隆时期风貌，修改为保持乾隆时期历史风貌。

3. 进一步完善修缮做法，包括修缮挑顶依据，大木加固，槛墙、廊心墙等具体做法。

4. 进一步对油漆彩画调查、研究、对比、分析，确认东、西山殿与东、西碑亭外檐彩画是现状保留、或恢复乾隆时期彩画、或外檐按内檐形制恢复。

5. 进一步细化油饰做法要求。

6. 进一步完善、补充设计图纸。

专家签字：

二〇一四年三月十九日

景山寿皇殿建筑群修缮设计方案
专家评审意见

2014年5月19日北京市景山公园管理处在北京景山公园会议室组织召开了景山寿皇殿建筑群修缮工程方案专家评审会。与会专家曾于2014年3月19日对景山寿皇殿建筑群进行了现场踏勘，并听取了北京华宇星园林古建设计所对修缮设计方案的介绍，认真审阅了设计文件，在原则同意的基础上，提出了修改、完善意见。会后设计单位按照专家意见进行了方案修改与完善。与会专家形成意见如下：

1、该方案按上次评审意见进行了补充、完善，已达到设计方案的要求。

2、在下一步的施工图设计中，进一步对残损量进行核对，使之符合实际。

3、在进一步核定残损量的基础上，严格控制老构件的更换量。

4、彩画维修的原则表述要进一步科学、准确。

5、彩画维修施工图设计，应进一步对照皇家相关建筑彩画进行细化。

6、文物本体院落要注重原风貌的保护。

专家签字：

二〇一四年五月十九日

图G1-3-1 景山寿皇殿建筑群修缮设计方案专家评审意见

方案。

② 遵照不改变文物原状、不破坏文物价值的修缮原则，保留现存寿皇殿的建筑法式、不同时期的构造特点和历史遗存。

③ 尽量保留和使用原材料和原构件，在保留原构造的前提下对构件的更换掌握在最小限度内。

④ 新添置的部分应有可识别性和可逆性。

⑤ 慎重使用现代材料，如使用，必须经过历史工程的实践检验和专家认可。

（2）应尽量采用传统材料和工艺，如确需使用新型材料或现代工艺，应先期开展小面积试验，以验证其对文物的影响。

三、修缮设计思路

（1）修缮现存文物建筑，包括寿皇殿、东西朵殿、东西碑亭、东西配殿、寿皇门、神厨、神库、井亭、宰牲亭、东西值房、琉璃大门、随墙门等，针对其不同损伤，修复屋面、墙体、台基、装修及油饰、彩画。

（2）全面恢复院落格局及环境。因院内原有墁地已无存，而寿皇殿是仿太庙所建，故本次修缮参照太庙戟门内庭院墁地形制进行恢复。对院内植被、景观进行整治。根据保护规划安排分期拆除院内后代添建的其他房屋，修整排水系统、院墙，恢复随墙门，恢复院内墁地。

（3）院内各建筑装修按原制恢复。

（4）对于基础下沉部位，委托专业勘察部门对西正殿、东西碑亭、东配殿、寿皇门、井亭进行地基勘察后据实进行加固处理。

（5）解决建筑周边绿化灌溉用水造成浸泡台帮及院墙下碱的问题，排除地表水对台基及墙体的破坏。

（6）拆除对建筑造成破坏的现有水电设施，拆除寿皇门前喷水池、东西配殿北侧洗手池等，根据文物建筑相关规范进行布置；更新院内安防设施。

四、修缮设计方案的制定

1.修缮的保护措施

对寿皇殿现存建筑进行的维修被定位为现状维修。保护措施定位于现状整治，遵循国际文物保护准则和我国文物保护方面的法律法规，本着原状保护、最小干预、最大限度保存其历史信息的原则进行实时保护。实施过程中坚持采用原形制、原材料、原工艺、原做法，组织保护项目实施。寿皇殿建筑群从其格局、形制、功能、材料、工艺等多方面都充分体现其重要的文物价值和社会价值。对其进行维修保护要充分考虑体现其价值的需求。根据历史文献的记载和现状勘察结果判断，目前的建筑有较多的地方改变了原状。此次维修在充分依据历史照片、文献资料等作为修复方案的设计依据的前提下，将1956年后被改动过的各建筑结构、装修按历史原状恢复，以体现其历史真实性。

2.修缮范围及主要内容（节选）

（1）建筑物本体修缮涉及基础、石作、地面、墙体、木构架及木基层、斗拱、屋面、木装修、油饰、彩画等方面的修缮项目。其中石作与基础部分采取加固、归安、添配、修补、更换等方法；地面墙体采用拆砌、择砌、剔补、新砌等方法；木构架及木基层采取剔补、包镶、墩接、加固、支撑、更换、拨正等方法；屋面采取揭瓦、挑顶等方法；油饰彩画采取新作、补绘、仿旧、局部保护等方法。

（2）院落、围墙、院门的修缮涉及院内地面砖的铺墁，排水沟槽的改造，院墙及院门的整修、加固、新做等。

（3）在文物建筑本体及不可移动文物的保护方面，根据保护文物的要求，在施工前和施工过程中对上述范围进行防护处理，采取软质或硬质包裹、隔断、支护等方法。

（4）根据使用功能的要求，由专业设计单位完善水、电、展室温控、消防、报警、安防、避雷、广播、网络以及与之配套的监控室设置。

五、修缮设计方案要点

1.建筑本体

1）建筑大木构架

经过初步勘察，建筑木结构基本处于安全状态，本次维修针对建筑不同的损伤情况，只对糟朽严重的构件进行更换，其他构件据实进行补强加固，对其他建筑木结构原则上不过分进行干扰。

施工过程中，对所有墙内隐蔽木柱柱根进行揭露检查（重点检查柱位处墙体有开裂者），如有糟朽，根据实际情况，进行墩接处理。屋面挑顶后对扶脊木进行检查，凡糟朽严重、达不到结构使用要求者，一律更换。

2）台基、基础

（1）建筑台基有下沉、外闪现象。寿皇殿须弥座均外闪20～40mm，西配殿南侧台基下沉约50mm，神库北侧台基局部下沉12mm。通过近几年观察未见明显变化，暂视其基本稳定。其他砖石构件据实进行拆砌、归安、更换、打点、修补。

（2）重点对走闪阶条石、垂带石及踏跺石进行归安。

（3）对因垂带石走闪及砖体冻胀引起的象眼砖挤压破碎部分进行拆砌。

（4）对出现鼓胀的台帮砖进行局部拆砌。

（5）对没有发生鼓胀歪闪变形的台帮，采取剔补与打点修补的方法。对全部酥碱或者局部酥碱深度超过30mm的砖体予以剔补或更换，对小于30mm的砖体采取打点修补做法。

（6）对石质构件全部酥碱或破碎的石材进行整体更换或者局部打截更换；对断裂、局部破损的部分进行粘接、修补；对风化、破损严重不能满足使用要求的进行补配；对表面污染严重的进行物理清洗。

3）建筑墙体

建筑墙体主要分为清水墙、混水墙以及琉璃面层三种做法。

（1）对没有发生空鼓、歪闪、变形的干摆墙体，采取剔补与打点修补的方法。对全部酥碱或者局部酥碱深度超过30mm的砖体予以剔补或更换，对酥碱深度小于30mm的砖体采取打点修补做法。

（2）对发生歪闪、变形的墙体采用择砌的方法予以归安、补强，如东配殿南山墙、西配殿山墙、神库北山墙。

（3）对改变原始做法的墙体，全部或局部拆除，按原始做法予以恢复，如琉璃槛墙及下碱、内墙包金土做法、后檐墙后开窗口等。

（4）针对抹灰墙体靠骨灰空鼓、脱落等情况，如损伤面积超过总面积的一半，则全部铲除后重做；如损伤面积不超过总面积的一半，则采取局部修补的做法予以整修。

（5）对槛墙琉璃砖掉角超过1/4、缺边超过1/3或者看面部分缺损的，予以更换。

4）建筑地面

对损坏严重的方砖地面进行揭墁、补配、修补；对保存较好的方砖地面进行打点，局部修补；对后做木地板进行拆除，露出原有地面，视其残损情况，据实修补；对后做地砖地面及水泥地面进行全面拆除，重做垫层，恢复原制方砖地面。

5）屋面

考虑到屋面残损情况具有一定的不可预见性，根据现寿皇殿院内很多建筑屋面采用了沥青油膏等非传统材料及做法，且多处大面积漏雨的实际情况，对建筑屋面进行全部挑顶维修和局部挑顶维修，采用恢复锡背的传统做法，整修更换连檐瓦口、椽子和望板。据实修缮屋面琉璃瓦件、脊件。

现场勘察结果显示，建筑屋面瓦件脱釉现象普遍，为使历史建筑保留更多的历史信息，本次维修中对脱釉脊饰、瓦件，只要其胎体较好，无裂隙，在保证建筑安全的前提下，一律予以保留。为增加脱釉构件的憎水性，于胎体掉釉的表面涂刷有机硅憎水剂进行防渗处理。只对胎体断裂、破碎或者酥碱深度超过瓦件厚度的1/3的瓦件、脊件，予以更换。

6）装修

由于部分建筑使用功能的转变，原装修缺失、拆改严重。寿皇殿槛、框均有锯断痕迹，局部（如高处的横披窗）留有原始痕迹，已经影响到建筑的完整性，建筑历史风貌被改变。本次修缮根据现存痕迹和历史照片，恢复原装修。

7）油饰彩画

（1）地仗及油饰：按照原制恢复地仗及油饰。

（2）彩画：本次彩画修缮以恢复清代中期彩画制式为目标；对后期制式改变的彩画进行纠错重绘，对具备保留价值的老彩画进行除尘保护。

（3）现存彩画勘察结果：寿皇殿、碑亭、东西配殿均有老彩画，其制式符合清代中期彩画规制，对后期改变的彩画进行恢复有依据；关于东西井亭有清代历史资料记载，彩画形制恢复有依据。

8）宫墙

宫墙除局部拆改为通道外，未见结构性损伤。故针对抹灰墙体靠骨灰空鼓、脱落等情况，如损伤面积超过总面积的一半，则全部铲除后重做；如损伤面积不超过总面积的一半，则采取局部修补的做法予以整修。对干摆下碱，采取剔补与打点修补的方法。砖体表面酥碱深度大于3cm时采用剔补做法，小于3cm时采取打点修补做法。

2.院落环境

（1）院落铺装与树池：拆除内外院水泥方砖、蓝机砖等地面铺装，按原制恢复御路及海墁地面；新做青白石雨水篦子，地面铺装重新找坡。内院青白石雕刻文物树池全部拆安，进行物理清洗，粘修；内外院现有非文物树池及种植池全部拆除，重新做大城砖立砌边牙树池。

（2）古树及非古树：加强对古树的养护复壮管理工作，对少数濒危的古树名木，应采取特种养护措施；对干扰文物建筑环境的非古树应移除；对保留下来的非古树应加强日常养护；对个别与建筑发生矛盾的大树，在保证文物建筑安全前提下，应对其采取特殊措施，如支撑或吊枝。

（3）临建及构筑物等：拆除内、外院所有临建，拆除院内喷水池、消防水池、洗手池、路牌等与文物环境不协调的构筑物；拆除铸铁雨水篦子，新做青白石雨水篦子；外院石狮子及须弥座、原铜狮须弥座均保留现状，进行物理清洗。

3.基础设施

为保证寿皇殿修缮后的完整性、可观性，根据对文物建筑的合理利用的方针，制定以下修缮方案：

（1）重做院落给排水系统；

（2）取消室内采暖系统；

（3）重做消防系统，增设报警系统；

（4）重做室内外照明、网络、广播、监控系统；

（5）重做室外强电、弱电干线系统。

六、寿皇殿大殿修缮方案

1.台明及地面

月台须弥座、栏板望柱等石构件拆安，粘补、归安残损的石构件。月台重做垫层后，恢复大城样砖斜墁地面，更换局部残损严重的石构件。廊步630mm×630mm方砖细墁地面打点75块，粘接6块，更换78块，找补垫层（300mm厚三七灰土）；室内方砖细墁地面打点，酥碱严重，对酥碱深度超过30mm的进行更换，添配，找补垫层（300mm厚三七灰土）。

2.大木构件

东西两侧金柱柱根墩接6根，高约1400mm；檐柱柱根墩接2根，高约1200mm；归安天花梁、管脚枋、正心檩，铁箍加固。二层角梁归安，用铁箍加固，更换二层西北角仔角梁；更换东南角仔角梁，5根仔角梁上表面镶补30～50mm；更换6根由戗。用铁箍加固部分扭转、干裂木构件。斗拱拆修安，对小斗进行添配。西北角二次间平板枋归安。北侧围脊枋及额枋归安。拆除1-3轴天花梁下木梁及雀替。所有木材作防虫、防腐、防火处理。外檐更换防鸟铜网。

3.屋面

四样黄琉璃瓦屋面挑顶修缮，恢复锡背的传统做法。对瓦件、脊件断裂、破碎或者酥碱深度超过瓦件厚度的1/3者，予以更换；其余掉釉瓦件继续使用，掉釉处刷憎水剂。更换糟朽的连檐瓦口、椽子、望板；其余望板铲除上表面沥青油毡，砍毛涂刷防腐剂后，继续使用。

4.墙体

槛墙琉璃砖掉角超过1/4、缺边超过1/3或者看面缺损的，予以更换。后檐墙堵砌门窗洞，外立面上身恢复靠骨灰做法，刷红土浆，下碱恢复高度1500mm。内侧所有墙体（包括廊心墙）上身恢复包金土做法墙面，墙边恢复大青界拉红、白线墙边彩画。

5.装修

拆除南侧金步东西三次间后改的槛墙及木窗，恢复三交六椀六角菱花窗隔扇门；4根抱框按现状保留的抱框尺寸补齐缺失部分，下槛添配2根；其余槛窗和隔扇门进行添配，下槛添配3根；横披窗棂条进行添配。添配铜包叶等配套铜构件。室内装修进行过添配，天花支条整修，支条进行更换，天花进行更换，匾额添配1个。

6.油饰彩画

内檐天花梁、天花枋斩砍见木，恢复清乾隆时期和玺彩画，贴两色金。北侧大小额枋内檐部分全部斩砍见木，恢复清乾隆时期和玺彩画贴两色金，其余内檐梁枋在妥善保护基础上，用传统工艺除尘、修补、加固地仗。内檐天花彩画恢复升降龙，升龙头在北面。外檐按内檐彩画恢复。下架柱框、木装修、连檐、瓦口、椽、飞头等木构件斩砍见木，寿皇殿下架柱木装修使灰七道，满麻二道，布一道。斗板、亲头木、连檐、瓦口、椽椀、望板当使灰三道，上架梁枋大木斩砍见木，使灰六道，满麻二道，椽子使灰三道。

七、院落铺装及树池修缮方案

拆除内外院水泥方砖、蓝机砖等地面铺装，按原制恢复御路及海墁地面（见图G1-3-3，表3-1）。新做青白石雨水篦子，地面铺装重新找

图G1-3-3 寿皇殿组群院落
水泥方砖铺装

表3-1 修缮做法表

位置	修缮内容 总项	修缮内容 分项	材质	规格（mm）	工程量（m²）分项	工程量（m²）合计	现状简述	修缮做法
内院	御路	御路石	青白石	宽1230	31.24	4102.92	共有青白石御路石23块，其中4块风化、破损明显。青白石条石30%风化严重，10%缺失。两侧已被改为水泥方砖散水。通过挖探坑，得知御路下为两层大城砖衬砖及灰土垫层	拆除两侧400mm宽条石及水泥方砖散水至衬砖，修补大城砖海墁衬砖（糙墁），添配约20%，新做30mm厚白灰浆黏结层，重新铺墁条石、大城砖平牙子及大城砖斜柳叶散水（细墁）。400mm宽条石的外皮位置应与寿皇门如意石取齐。青白石御路石粘补10%。青白石条石粘补30%，添配10%。对现有石材进行物理清洗，修补后刷封护剂。所有石材用油灰勾缝
		条石	青白石	300×160	8.12			
			青白石	400×220	20.32			
		散水	大城砖	440×220×120	53.34			
		牙子	大城砖	440×220×120	12.70			
	海墁		大城砖	440×220×120	3977.20		全部为500mm×500mm水泥方砖地面，方砖已有破损，局部凹凸不平。东西碑亭台基下有水泥方砖散水。通过挖探坑，得知海墁地面下部为灰土垫层	拆除现有临建及部分水泥树池（移除树木）后，在该处按原制新做海墁地面，分层做法为：大城砖纵向海墁（细墁）；做30mm厚白灰浆黏结层；300mm厚3:7灰土分两步夯实；素土夯实，压实系数＞0.93（环刀取样）。拆除现有水泥方砖地面铺装至灰土垫层，修补约50mm厚的灰土垫层，重新夯实，新做30mm厚白灰浆黏结层及大城砖纵向海墁（细墁）面层。围绕御路及带须弥座建筑台基做120mm宽大城砖平牙子
外院	御路	御路石	青白石	宽1230	44.61	8045.16	外院御路被喷水池截为南北两段。喷水池处的青白石御路石现被铺墁在北段御路两侧散水位置，经核对并无缺失。喷水池处的青白石条石已无存，南段御路外侧的青白石条石全部缺失。现南北段御路共有青白石御路石27块，其中11块风化、破损明显。青白石条石20%风化严重，65%缺失。通过挖探坑，得知御路下有衬砖及灰土垫层	拆除现有喷水池后，在该处按原制新做御路。分层做法为：做御路石、条石、大城砖平牙子及大城砖斜柳叶散水（细墁）；做30mm厚白灰浆黏结层；大城砖海墁（糙墁），灰浆灌缝；30mm厚白灰浆黏结层；300mm厚3:7灰土分两步夯实；素土夯实，压实系数＞0.93（环刀取样）。将北段散水位置的青白石御路石拆下，重新铺墁在中段御路中心位置。拆除北段两侧400mm宽条石及水泥地面至衬砖，拆除南段两侧御路范围内的水泥方砖地面至衬砖，修补大城砖海墁衬砖（糙墁），添配约20%，新做30mm厚白灰浆黏结层，重新铺墁面层。400mm宽条石的外皮位置应与寿皇门如意石取齐。青白石御路石粘补20%。青白石条石粘补20%，添配65%。现有石材物理清洗，修补后刷封护剂。所有石材油灰勾缝
		条石	青白石	300×160	11.60			
			青白石	400×220	29.02			
		散水	大城砖	440×220×120	76.38			
		牙子	大城砖	440×220×120	17.92			
	海墁		大城砖	440×220×120	7849.93		大部分为500mm×500mm水泥方砖地面，方砖普遍破损，局部已用水泥补抹。外院东侧临建前为蓝机砖糙砌地面。外院东侧靠近院墙处可见少量老砖，为大城砖纵向海墁，砖体酥碱破损。通过挖探坑，得知海墁地面下部为灰土垫层	拆除现有临建、部分水泥树池（移除树木）及喷水池、砼台等构筑物后，在该处按原制新做海墁地面。分层做法为：大城砖纵向海墁（细墁）；做30mm厚白灰浆黏结层；300mm厚3:7灰土分两步夯实；素土夯实，压实系数＞0.93（环刀取样）。拆除现有水泥方砖、蓝机砖等地面铺装至灰土垫层，修补约50mm厚的灰土垫层，重新夯实，新做30mm厚白灰浆黏结层及大城砖纵向海墁（细墁）面层。围绕御路及寿皇门台基做120mm宽大城砖平牙子
		牙子	大城砖	440×220×120	15.70			

坡。内院青白石雕刻文物树池全部拆安，进行物理清洗，表面刷石材封护剂，粘修缺损、断裂部分。对于尺寸过小、不能满足古树生长需要的文物树池应进行适当扩大。将内外院现有非文物树池及种植池全部拆除，重新做大城砖立砌边牙树池。工程量及做法见表3-2、表3-3。

临建及构筑物等整治方案：拆除内外院所有临建，拆除院内喷水池、消防水池、洗手池、路牌等与文物环境不协调的构筑物。拆除铸铁雨水箅子，新做青白石雨水箅子。外院石狮子及须弥座、原铜狮须弥座均保留现状，进行物理清洗。工程量见表3-4。

八、基础设施修缮方案

为保证寿皇殿落修缮后的完整性、可观性，根据对文物建筑的合理利用的方针，制定以下修缮方案：

(1) 重做院落排水系统和给水系统；

(2) 取消室内采暖系统；

(3) 重做消防系统（含极早期报警）；

(4) 重做室内外强电、弱电干线系统；

(5) 更新室外广播、监控系统。

其中消防系统的改造为当务之急，应与寿皇殿修缮工程同步进行。院内消防系统的设计应与景山全园消防系统统一考虑。修缮做法见表3-5。

表3-2 非文物树池及种植池工程量及做法表

修缮内容	平面尺寸（mm）	边牙材质	城砖规格（mm）	工程量		现状简况	工程做法
				分项	合计		
内院非文物树池及种植池	8360×1980	大城砖	440×220×120	4个	6个，牙子长度88.56m		
	1980×1980	大城砖	440×220×120	2个			
外院非文物树池及种植池	3080×3080	大城砖	440×220×120	2个	110个，牙子长度1257.22m	现非文物树池及种植池多数为水泥砖立砌边牙，外院东侧有少量蓝机砖平砌边牙	非文物树池及种植池拆除现有水泥砖、蓝机砖边牙，恢复440mm×220mm×120mm（单位为mm）大城砖立砌边牙。根据实际树位及树木生长情况确定树池位置及尺寸，并保证树池平面尺寸符合周围海墁砖模数
	2420×2420	大城砖	440×220×120	34个			
	1980×1980	大城砖	440×220×120	61个			
	1540×1540	大城砖	440×220×120	3个			
	13570×3960	大城砖	440×220×120	2个			
	42680×7920	大城砖	440×220×120	1个			
	34760×7920	大城砖	440×220×120	1个			
	85800×3420	大城砖	440×220×120	1个			
	2600×2420	大城砖	440×220X120	4个			
	1260×770	大城砖	440×220×120	1个			

表3-3 文物树池修缮做法表

序号	材质	现状简况	修缮做法
1	青白石	风化严重；勾缝灰普遍脱落，水泥补抹；南侧被树根拱起，西侧局部缺损	物理清洗，严重风化部分添配青白石石材0.8m²，油灰勾缝，刷石材封护剂
2	青白石	风化严重；勾缝灰普遍脱落，水泥补抹；东侧及西侧局部缺损	物理清洗，环氧树脂拌和石粉修补风化部分0.5m²，油灰勾缝，刷石材封护剂
3	青白石	风化严重；勾缝灰普遍脱落，水泥补抹；南侧及西侧被树根拱起，北侧局部缺损	物理清洗，环氧树脂拌和石粉修补风化部分0.4m²，油灰勾缝，刷石材封护剂
4	青白石	轻度风化；勾缝灰普遍脱落，水泥补抹；整体被树根系拱起，北侧局部断裂缺损	物理清洗，粘修断裂石材0.2m²，油灰勾缝，刷石材封护剂
5	青白石	轻度风化，表面污染	物理清洗，油灰勾缝，刷石材封护剂
6	青白石	轻度风化；勾缝灰脱落，水泥补抹；北侧局部缺损，西侧石材走闪，水泥补抹	物理清洗，添配石材0.2m²，油灰勾缝，刷石材封护剂
7	青白石	轻度风化，勾缝灰局部脱落，水泥补抹	物理清洗，油灰勾缝，刷石材封护剂
8	青白石	轻度风化，勾缝灰局部脱落，水泥补抹	物理清洗，油灰勾缝，刷石材封护剂
9	青白石	轻度风化，东侧局部缺损	物理清洗，油灰勾缝，刷石材封护剂
10	青白石	表面污染，东侧局部缺损	物理清洗，油灰勾缝，刷石材封护剂

表3-4 工程量统计表

序号	修缮内容		数量及尺度	现状简况	修缮做法
1	临建	内院	建筑面积293.00m²，墙长度9.47m	建筑面积2138.10m²，墙长度74.80m	分布于院落各处，有的贴邻古建筑和院墙建造，对文物本体和院落环境均有不良影响	全部拆除
		外院	建筑面积1121.40m²，墙长度57.55m			
		贴邻外院墙外侧	建筑面积723.70m²，墙长度7.78m			
2	石狮子及须弥座		2个	位于外院寿皇门南侧，基本完好，轻微风化	保留现状，进行物理清洗
3	原铜狮须弥座		2个	位于外院寿皇门东、西两侧，基本完好，轻微风化	保留现状，进行物理清洗
4	雨水箅子		27个	分布于院落各处，现为铸铁雨水箅子	全部拆除后，新做青白石雨水箅子
5	喷水池		1个，面积113.95m²	位于外院南部中轴线上，将御路截为两段，现中心雕塑已拆除	拆除后按原制恢复院落铺装。为了纪念少年宫历史，在喷水池边缘位置镶嵌与地面齐平的金属条，并配文字说明
6	消防水池		1个，面积3.83m²	位于外院西南部	拆除
7	砼台		2个，面积共183.67m²	位于外院东南部，原为临建，现上部已拆除，仅剩砼台	拆除
8	洗手池		4个，面积共5.01m²	内外院各2个	拆除
9	路牌		4个，面积共5.35m²	位于外院，现已破损变形	拆除
10	金属护栏		长度448.60m	分布于院落各处，与文物环境不协调，且部分护栏锈蚀、损坏严重	拆除

表3-5 修缮做法表

序号	修缮内容	现状简况	修缮做法
1	排水设施	①内院墙出水口下部被掩埋 ②现有排水系统为后代增设，原有地面排水形式及做法由于年代久远及测绘条件不足已无从考量 ③院落东北角卫生间排水从院落北墙出，经化粪池，排入北侧市政管线 ④西井亭东侧有1个污水渗井 ⑤院落雨水系统较为清楚。院内共有雨水箅子25个。院内雨水经过铸铁雨水箅子收集至雨水干管，后院雨水主干管为DN400，前院为DN600，分东西两侧对称排入景山公园。院内地面找坡不均，雨水无法完全汇集到雨水收集口 ⑥现院落内南侧2处排水设施雨污合流。3个明设洗手池污水未处理均直接排入邻近的铸铁雨水箅子 ⑦雨水收集口及管道淤积严重。管道材料不统一。部分管道老化，破损情况比较严重 ⑧井盖标注混乱	①取消北侧污水系统 ②重做雨水系统
2	给水设施	①寿皇殿院落内主要给水管道随暖沟敷设，管沟内个别给水管道与污水管道并排交错敷设，且距离不够，不符合规范要求。部分给水管道直埋敷设至各给水点，具体走向、长度、深度不明 ②院内明设洗手池3个，分别在西配殿北侧、东配殿北侧、琉璃门西侧。寿皇门前设有1个大型喷水池。院内3个明设水池及喷水池严重影响寿皇殿院落内文物建筑风貌 ③东朵殿东侧设有1个公共卫生间 ④寿皇殿内设有手盆。寿皇殿内所有给水管道均为明管敷设，严重影响破坏了大殿风貌 ⑤给水管道各种材质均有，个别管道老化、腐蚀情况比较严重 ⑥井盖标注混乱	①重做院内给水系统 ②拆除院内明设的三个洗手池和寿皇门前喷水池 ③取消公共卫生间 ④拆除殿内给水设施
3	采暖设施	①院内各殿均为集中散热器供暖。寿皇殿院落东西北院墙外均设有暖沟。热源由院内锅炉房提供，经暖沟引至各殿 ②寿皇殿散热器为明装。其他各殿散热器为明装，外包暖气罩。散热器影响风貌	①清理暖沟管线 ②取消寿皇殿院落群室内采暖系统
4	消防设施	①现有100m³消防水池一座，位于前院西井亭与喷水池之间。消防水池为半地下敷设，出地面500mm，通气孔、消防控制电箱均明设于地面，现由科普展板围挡，影响院内文物建筑风貌的整体性 ②前院设有2个消火栓，分别位于寿皇门东西两侧。后院设有4个消火栓，寿皇殿前东西两侧各有2个 ③殿内均设灭火器	①重做院内消防系统，院内消防系统应与景山全园消防系统统一考虑 ②拆除前院西井亭与喷水池之间的消防水池，在院外择地重新规划设计整个园区消防系统（此项为当务之急，应与寿皇殿修缮工程同步进行）

序号	修缮内容	现状简况	修缮做法
5	供配电系统及防雷保护	①寿皇殿北侧设有箱式变电站一座（1999年安装），315kV×2,并联使用。低压配电室设在西侧平房内，内装低压配电柜10台 ②院内绝大部分供电电缆由于年久老化，埋地、架空均有，敷设混乱。虽然个别建筑更新改造过，但整体不规范，存在安全隐患 ③室外配电箱体破损比较严重，室内配电设施及陈列、展示、办公照明灯具等陈旧老化，线路敷设明暗均有，比较混乱，存在火灾危险 ④室外景观照明灯具、线路陈旧老化，灯具与古建筑不协调。虽然1999年改造过，但常出故障 ⑤大部分建筑安装了屋顶防雷保护装置，但有些防雷装置使用时间较长，银粉脱落，接地装置不规范，接地引下线直接安装在古建筑结构柱上。接地引下线间距不符合规范要求。每座建筑均未安装过电压保护器	①院内原有高低压配电及照明设施全面更新改造。将寿皇殿北侧的箱式变电站和低压配电室移出寿皇殿建筑群的文物保护区，在西侧重新设计安装箱式变电站和低压配电室 ②室外电源、干线及照明电缆线路重新更换铺设 ③更换配电设施，更新配电管线，全部采用阻燃塑铜绝缘导线穿镀锌钢管保护，并做好防火处理。敷设方式采用室内暗设为主、明设为辅的原则。采暖采用蓄热式电暖器，计量采用峰谷计费 ④古建筑物防雷，根据建筑物防雷设计规范要求及文物保护相关标准，重新设计安装防雷措施。（不在本设计范围内） ⑤景观照明选用与古建物协调的现代新型灯具。灯具全部采用节能光源，采用手动、时间或智能控制
6	弱电系统	①局域网设备安装在寿皇殿东侧。网络通信线路走线较混乱，通信线路分别由院外通信线路引入，架空、埋地均有，敷设不规范，有碍观瞻，易出故障，不利于管理 ②用于播放背景音乐的音箱陈旧，广播线路老化，敷设不规范，虽然1999年改造过，但部分线路敷设在古建外围墙上，既不美观，也影响了古建筑的保护 ③火灾报警装置设在原少年宫北门门卫值班室。主要古建筑安装了感烟探测器、手报按钮及声光报警器，但安装方式不规范，不符合古建文物保护要求。线路架空明设在围墙上方，线路比较混乱，影响古建筑美观 ④未安装保安监控系统设施	①电话、网络系统。由原少年宫北门传达室弱电机房引来电话电缆和网络干线。在寿皇殿西房设置综合信息箱，分别向各房间提供电话及网络信息接口 ②广播背景音乐系统。广播音箱分布设置在安静区域，每个音箱覆盖40～50m范围；在客流较集中的喧闹区，每个音箱覆盖20～30m，按以上设计标准增加音箱数量。更新原少年宫背景音乐音箱，将古建围墙上的音箱改到适当的位置安装。广播线路由原少年宫北门广播分控室引出，改为暗敷设 ③火灾自动报警系统。在原火灾报警系统基础上进行设备更新改造。原架空及明敷设线路改为埋地和暗敷设。文物保护区域内，非文物建筑宜安装火灾自动报警装置，以防止火灾殃及文物建筑。在寿皇殿西房设置区域消防报警盘，与原少年宫北门传达室消防控制室联网监控 ④安防、技防监控系统。在原少年宫北门传达室安装安防、技防监控设备，并与公园总监控室联网、联控。采用远红外线监控设备，以达到更好的监控效果。在寿皇殿的西房设置分控室

工程篇 Engineering

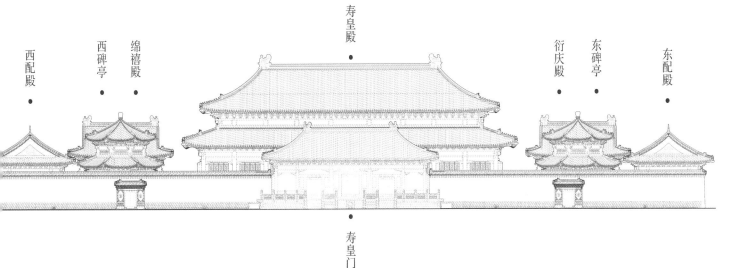

西配殿 西碑亭 绵禧殿 寿皇殿 衍庆殿 东碑亭 东配殿

寿皇门

第二章　修缮工程技术
Chapter 2　Refurbishment Technology

工程技术是延续古建筑真实性的关键技术之一，也是设计方案得以顺利实施的保障。本章主要结合寿皇殿重点部位的修缮，逐一介绍此次修缮过程中的石作、瓦作、木作、油饰及彩画工程技术。

此次修缮工程中所使用的材料、施工工艺技术等以现场普查及北方官式建筑特点为依据。在修缮设计方案中，除对结构进行加固或设计文件中特殊注明以外，在后续的修缮过程中所有添配更换的材料应按照原材料、原工艺、原做法施工，以不改变原建筑特点为原则。

Engineering technology is one of the key technologies to continue the authenticity of ancient buildings, and it is also the guarantee for the smooth implementation of the design scheme. This chapter mainly introduces the renovation of stone, tile, wood, oil decoration and color painting in combination with the refurbishment of key parts of Pavilion of Imperial Longevity.

The materials and construction technology used in this repair project are based on the site survey and the characteristics of the northern official buildings. In the repair design scheme, except for the reinforcement of the structure or the special indication in the design documents, all the materials added and replaced in the subsequent repair process should be constructed in accordance with the raw materials, the original technology and the original method, so as not to change the characteristics of the original buildings.

第二章　修缮工程技术

执笔人：张凤梧　周悦煌　宋恺

本修缮工程中所使用的材料、施工工艺技术等以现场普查及北方官式建筑特点为依据，在修缮设计方案中，除应对结构进行加固或设计文件中特殊注明以外，在后续的修缮过程中所有添配更换的材料应按照原材料、原工艺、原做法施工，以不改变原建筑特点为原则。

第一节　施工组织安排

此次寿皇殿修缮工程严格遵循"不改变文物原状"和"最小干预"的原则，在充分勘察、研究的基础上，按照修缮设计方案的总体思路进行，保留现存寿皇殿的建筑法式、不同时期的构造特点和历史遗存。对以往修缮中改变建筑形制的做法，根据历史档案及修缮记录恢复其原状，同时最大限度地保留、使用原有的材料、构件，维持原有构造做法。在施工工艺上，采用传统材料和工艺，并谨慎使用现代材料。施工过程中的

技术问题，由古建专家、建设单位、设计单位、监理单位、施工单位组成的技术小组在现场根据具体情况商定解决。

寿皇殿建筑修缮主要包括原状修整和重点修复两部分。原状修整是指对一般性损坏建筑进行的修缮。这类建筑的共性是主体结构完好，屋面一般没有明显漏雨现象，只是存在屋面裹垄灰开裂脱落、油饰彩画氧化褪色等现象。重点修复则是针对在以往修缮中改变原状的部分，依据相关历史档案，还原建筑原貌，如对寿皇殿大殿、寿皇门、东西配殿、神厨、神库等建筑物拆除其后期添加的门窗，恢复隔断。

施工全过程遵循科学组织、严格管理、质量为先的原则，按照工程周期合理组织各分部分项工程，结合工艺特点，采取屋面—大木梁架—墙体—地面—油饰彩画—院落地面的先后次序，内外院结合，依次开展施工，并且施工前做好现场古树、露陈和石构件的保护，如图G2-1-1、图G2-1-2所示。施工前在出入口悬挂项目基本信息，如图G2-1-3所示。

工程中除对建筑本体进行修缮外，对建筑群内的安防、监控、消防、避雷等设施进行了全面的升级改造。因篇幅有限，本篇主要以寿皇殿大殿为例进行详述，展示关键节点照片，其他殿座做法基本相同，不再逐一展开叙述。此外，由于

图G2-1-1 古树保护围挡

图G2-1-2 望柱栏板保护棚（左）

图G2-1-3 项目施工信息板（右）

彩画修缮的特殊性，修复前须经过更加复杂严格的评估设计，且修缮方案的确定和评估结果紧密相关，因此在本书中将这两部分合为一章，以期内容完整连贯。

第二节　分部工程技术

一、石作

1. 台基

台基石构件灰缝脱灰，水泥砂浆勾缝，将缝内的积土水泥等清理干净后，重新用油灰（材料重量配比为白灰∶生桐油∶麻刀=100∶20∶8）勾缝，灰缝须勾抿严实。对石构件歪闪（比原有缝隙）大于10mm的，打点勾缝前应用撬棍拨正或拆安归位和灌浆（生石灰浆）加固，局部不实处用生铁片垫牢。图G2-2-1和图G2-2-2展示了整修中的状况。

2. 石构件

石构件断裂，影响结构安全和使用的，将断裂石料两面清理干净后用环氧树脂（材料重量比为#6101环氧树脂∶二乙烯三胺∶二甲苯=100∶10∶10）进行粘接，接缝外表面用环氧树脂胶和与原石质相同的石粉补平，以使其无明显粘接痕迹。对100％酥碱或破碎的石材进行整体更换或者局部打截更换；石构件严重风化、碎裂，影响结构安全不能继续使用的，可进行修补或添配，如图G2-2-3。修补时应先将残缺或风化部分凿成易于补配的形状，清理干净后用原材质石料或环氧树脂拌和石粉进行修补。添配部分用青白石或青白石按原状加工后进行更换。

石构件断裂、表面风化，不影响结构安全和使用的，均现状保留，继续使用。石构件，表面污染严重，影响保存及美观的，采用物理办法清洗。物理清洗指对石构件污染处用软布及软毛刷摩擦清洗，禁止使用强化学试剂冲洗及高压冲洗。表面污染清洗完成后表面干净平滑，不得形成开裂和孔洞，否则会加速石材的风化。

二、瓦作

1. 地面

1）建筑地面

地面方砖残缺、破碎，按原制揭除重墁。地面揭除时，应做好原样记录，重新铺墁前，应先清理旧垫层。残损的垫层按原制补做。地面方砖整体不平整、松动脱灰及不符合原做法者，全部揭除后按原制重墁。细墁所用砖块，须砍磨成"盒子面"的要求后，再依原样铺墁。铺墁时须用木墩锤击震，将砖缝挤严，令四角合缝。添配砖面在打点、墁水活并擦净后用生桐油钻生两遍。廊内地面按原状揭除重墁时，须找排水坡。图G2-2-4和图G2-2-5展示了整修中的状况。

图G2-2-1 添补台基石构件

图G2-2-2 海墁地面

图G2-2-3 石构件油灰勾缝

图G2-2-4 整修地面砖

图G2-2-5 地面泼墨钻生

2）院落铺装

除御路外，其他地面均拆除现水泥及水泥砖地面，按原制恢复，重新找坡，组织排水。揭除、铲除现有面层后，先清理垫层表面，并浇水湿润，坐浆铺装。

3）散水

散水为褥子面形式，散水里口应与土衬石上皮相平，外口应与院内地面衔接平顺。

2.墙体

1）墙体干摆下碱、槛墙、砖砌台帮、砖砌象眼

对于100%酥碱或者局部酥碱深度超过30mm的砖体予以剔补或更换；砖体风化酥碱的深度在30mm以内者，原状保留。剔凿挖补时将酥碱部分砖体剔除干净，用原规格城砖砍磨加工后重新补

配并用灰浆粘贴牢固，待墙面干燥后将打点、补配过的地方磨平，再蘸水把整个墙面揉磨一遍，最后清扫、冲洗干净。

墙体明显下沉或后砌部分不整齐且膨闪严重者，需进行拆砌归正。新旧墙体应咬合牢固，灰缝平直，灰浆饱满，外观保持原样。槛墙琉璃砖掉角超过1/4、缺边超过1/3，或者看面缺损超过30%的，予以更换。图G2-2-6、图G2-2-7展示了部分工序。

2）墙体上身

山墙、后檐墙、院墙墙面空鼓、脱落者，将旧灰皮铲除干净后用水淋湿，然后按原做法（靠骨灰一道，红麻刀灰一道）分层，按原厚度抹制，赶压坚实，最后刷广红浆。红麻刀灰配比为白灰：麻刀：红土=100：3：5。红土浆的制法为头红土兑水搅成浆后兑入江米汁和白矾水，头红土：江米：白矾=100：7.5：5。内墙面抹饰黄灰，黄灰的制法为泼灰加水后加包金土色（土黄色）再加麻刀，白灰：包金土：麻刀=100：5：4。包金土浆的制法为黄土兑水搅成浆后兑入江米汁和白矾水，黄土：江米：白矾=100：7.5：5。

靠骨灰操作程序：①浇水，如果是在旧墙面上抹灰，除应浇水以外，还要进行适当的处理。当墙面灰缝脱落严重时，应以掺灰泥或麻刀灰把缝填严堵平；当墙面局部缺砖或酥碱严重时，应以麻刀灰抹平。②钉麻揪（墙面0.5m内钉麻揪一枚，麻长约0.5m）和压麻。③麻刀灰打底找平、罩面，赶轧。图G2-2-8～图G2-2-10展示了部分工序。

图G2-2-6 剔除酥碱下碱砖
（左）

图G2-2-7 剔补酥碱下碱砖
（右）

3）廊心墙

墙面局部空鼓、脱落者，将墙体残损部分铲除干净，包金土麻刀灰打底，表面绘沙绿大边，拉白、红两色线。酥碱、空鼓、脱落面积总共超过50%者，全部铲除重做。

3. 屋面

拆除瓦件应注意，在拆除之前应先切断电源并做好内外檐彩绘的保护工作。如果木架倾斜，用杉篙迎着木架支顶牢固。拆卸瓦件时应先拆揭瓦滴，并送到指定地点妥当保存，如图G2-2-11。然后拆揭瓦面和垂脊，最后拆除大脊。在拆卸中要注意保护瓦件不受损失。可以继续使用的瓦料应将灰、土铲掉扫净。瓦件拆卸干净后将原有的苫背垫层全部铲掉。其后进行大木更换、归安及打牮拨正等工作。

1）瓦件

对垄数、瓦件数量和底瓦搭接等情况做好记录，然后分类（根据不同规格、残损程度）码放，将尺寸有差异的瓦件挑出后集中使用，瓦件尺寸差异较大者不宜继续使用。脱釉瓦件强度能够满足要求且无破损者应继续使用，残损或不足瓦件原制补配。

现场拆卸瓦件应注意保护，不得随意增大其破损率，拆卸下的构件一律妥善保护，仍用于原建筑。补配瓦件的规格尺寸均以现存实物为准定制。

将新烧制的瓦件与旧瓦件混合使用，所有新瓦件在加工时应在背里面做出时间标记。

瓦件断裂、破碎或者酥碱深度超过瓦件厚度的1/3者，予以更换。

2）脊饰

脊饰拆卸前，分部位做好记录（位置、顺序、向背等），码放齐整，如图G2-2-12和图G2-2-13所示。

残损破碎无法使用及缺失的脊件按现存的脊件形制，重新烧制，新旧脊件的形式、色彩、材质和技术工艺特征应协调一致，主要新脊件在烧制时应在背里面做出时间标记。

图G2-2-8 梳麻

图G2-2-9 钉麻揪

图G2-2-10 抹灰

图G2-2-11 拆卸瓦件统一码放

图G2-2-12 脊兽统一保存

图G2-2-13 集中保存拆卸下来的脊件

补配兽、脊件，规格尺寸均以现存实物为准定制。

扒锔子脱落的脊件按原制补钉铁扒锔，开裂的脊件粘接后继续使用，粘接前应将构件断茬清洗干净，然后用环氧树脂粘接材料粘接牢固。

3）灰泥背

图G2-2-14 苫护板灰

灰泥背处于隐蔽部位，受条件所限，勘察时未能对其做法进行剖析，施工揭除前须对原有灰泥背的材料、分层做法、厚度等进行测量记录，然后根据现存实物按原制重新制作灰泥背。

苫背宫瓦做法如下。望板喷涂铜唑（CuAz）防腐剂四遍，苫100∶3∶5麻刀青灰护板灰一道，厚15mm。护板灰上苫锡背一层，厚0.8mm，

图G2-2-15 铺锡背

锡背上粘麻。等灰完全干透后，苫4∶6掺灰泥（四成泼灰与六成黄土拌匀后加水，闷8小时后即可使用）背，分三次苫齐，总厚平均70～80mm。灰背每层苫好待其基本干燥后再苫下一层，每层均须拍实抹平。苫背时须在木构件折线处栓线垫囊，垫囊要求分层进行，囊度和缓一致。待灰泥放干后苫100∶5∶20麻刀青灰背两

图G2-2-16 苫灰泥背、青灰背

层，总厚25mm，分层赶轧坚实后刷浆压光，待其放干后用4∶6掺灰泥宫瓦。宫瓦时要求逐一审瓦。宫瓦泥饱满，瓦翅背实，熊头灰充足，随宫随夹垄，睁眼一致且不大于35mm，捉节夹垄抹严实。瓦面须当均垄直，囊度和缓一致，最后清垄擦亮。瓦面宫齐后，以100∶3∶5红麻刀灰捏当沟，分层填馅苫小背调脊，图G2-2-14～图G2-2-16展示了上述部分工序。

4）琉璃构件

所有琉璃构件清理、拆安、补配后，掉釉处喷涂憎水剂。憎水剂可按1∶5或1∶10的比例兑水，用喷雾器喷在构件表面，可迅速渗入构件，形成肉眼看不见的永久防水层。憎水剂无毒、无味、不燃，气温在5℃以上即可施工。憎水剂固化后可耐受温度为-70～180℃。憎水剂是一种乳白色、无毒、无味、无可见膜层、透气性好、憎水性强的环保渗透结晶型防水剂，根据不同材料

可形成纵深为1～30mm的憎水层。

施工工艺：使用前先将建筑物表面尘土、琉璃构件胎体清理干净，裂缝和孔洞须嵌密实，基底必须保持干燥。使用时将憎水剂用清洁的普通农用喷雾器或刷子直接喷刷在干燥的构件上，纵横两遍。常温下24小时即有防水效果，一周后效果更佳。施工后24小时内不得受雨水侵袭，气温降低至5℃以下应停止施工。使用前应在专业人员的指导下进行小面积试验，试验成功后方可进行大面积施工。

三、木作

1. 柱子

（1）对木柱的干缩裂缝，当其深度不超过柱径的1/3时，可按下列嵌补方法进行整修：

①当裂缝宽度不大于3mm时，可在柱的油饰或断白过程中，用腻子勾抹严实；②当裂缝宽度在3～10mm时，可用木条嵌补，并用环氧树脂粘牢；③当裂缝宽度大于30mm时，在粘牢后应在柱的开裂段内加两三道道铁箍嵌入柱内。若柱的开裂段较长，则箍距不宜大于0.5m。

（2）当柱心完好，仅有表层（不超过柱根直径1/2）腐朽，在能满足受力要求的情况下，将腐朽部分剔除干净，经防腐处理后，用干燥木材依原样和原尺寸修补整齐，并用环氧树脂粘接。如系周围剔补，需加设铁箍两三道。

（3）柱根腐朽严重，但自柱底面向上未超过柱高的1/4时，可采用墩接柱根的方法处理，如图G2-2-17。墩接时，可根据糟朽部分的实际情况，以尽量多保留原有构件为原则，采用"巴掌榫""抄手榫""螳螂头榫"等式样。墩接柱与旧柱搭交长度不小于40cm，注意使墩接榫头严密对缝外，加设铁箍，用直径18mm的螺栓连接，并用两道铁箍卧入。位于墙体内部的隐蔽柱需拆柱门后进行相应操作。

（4）木柱严重糟朽、虫蛀，不能采用修补、加固方法时，可用相同种类的木材按原制更换，如图G2-2-18。在单独更换木柱时，应尽量在不落架的情况下进行抽换。若柱两侧各为大额枋、由额垫板、小额枋三件连用时，可将柱上卯口依照较宽的卯口开通槽，归安后再用硬木块粘补严实。

2. 梁、枋、角梁

（1）当梁枋有不同程度的腐朽，其剩余截面尚能满足使用要求时，可采用贴补的方法进行修复。贴补前，应先将糟朽部分剔除干净，经防腐处理后，用干燥木材按所需形状及尺寸修补整齐，并用环氧树脂粘接严实，粘补面积较大时再用铁箍或螺栓紧固。梁枋严重糟朽，其承载力不能满足使用要求时，则须按原制更换构件，如图G2-2-19。更换时，宜选用与原构件相同树种的干燥木材，并预先做好防腐处理。

（2）梁枋干缩开裂，当构件的裂纹长度不超过构件长度的1/2、深度不超过构件宽度的1/4时，加铁箍两三道以防止其继续开裂。裂缝宽度超过50mm时，在加铁箍之前应用旧木条嵌补严实，并用胶粘牢。若构件开裂属于自然干裂，不影响结构安全，且裂纹现状稳定的，不对其进行干预。当构件裂缝的长度和深度超过上述限值，若其承载能力能够满足受力要求，仍采用上述办法进行修整。若其承载能力不能够满足受力要求，施工补查时根据勘察结果的具体情况做出相应的设计调整。

（3）梁枋脱榫，但榫头完整时，可将柱拨正后再用铁件拉结榫卯，铁件用手工制的铆钉铆固，如图G2-2-20。当榫头糟朽、折断而脱榫时，应先将破损部分剔除干净，重新嵌入新制的

图G2-2-17 墩接包镶柱

图G2-2-18 新做柱

图G2-2-19 新做角梁

榫头，然后用耐水性胶粘剂粘接，并用螺栓紧固。角梁（老角梁和仔角梁）梁头糟朽部分大于挑出长度的1/5时，应更换构件；小于挑出长度的1/5时，可根据糟朽情况另配新梁头，并做成斜面搭接或刻榫对接。更换的梁头与原构件搭交粘牢后用两三道铁箍或两三个螺栓加固。

3. 斗拱

殿座的斗拱基本保持完好，只是个别斗耳缺损，昂嘴有开裂断头现象，需添配和修补。在油工清理完地仗后，木工按照原有式样和材质对破损斗耳和昂嘴进行加工后逐一安装整齐，验收后交油工进行地仗施工。

斗拱添配昂嘴和雕刻构件时，应拓出原形象，制成样板，经核对后方可制作。斗拱的昂或小斗等构件劈裂未断的，可用环氧树脂系胶结剂进行灌缝粘接。图G2-2-21为修补斗拱的照片记录。

4. 檩（桁）

檩子常见有拔榫、开裂、腐朽、外滚等残损现象，可分别采用下列方法处理。

（1）当檩拔榫时，归安梁架时檩归回原位后，如榫头完好，在接头两端各用一枚铁锔子加固，铁锔子长约300mm，厚约15mm。如檩子榫头折断或糟朽时，取出残损榫头，另加硬杂木银锭榫头，一端嵌入檩内用胶粘牢或加铁箍一道，安装时插入相接檩的卯口内，如图G2-2-22。

（2）檩劈裂时修补方式同梁枋。

（3）当檩上皮糟朽深度不超过檩径1/5时，可将糟朽部分剔除干净，经防腐处理后，用干燥木材依原制修补整齐，并用耐水性胶粘剂粘接，然后用铁钉钉牢。当檩糟朽深度小于20mm时，仅将糟朽部分砍尽，不再钉补。

5. 椽子、望板、连檐、瓦口等

对椽子、望板、连檐、瓦口、闸挡板、椽椀等木基层及檐头构件，其旧料能保留使用的应尽量保留，常见的残损现象有腐朽、劈裂、鸟类啄食孔洞等，可分别采用下列方法处理。

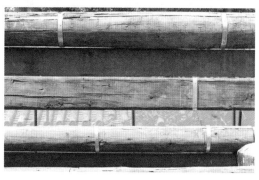

（1）椽子：椽、飞头糟朽，腐朽长度小于20mm时，砍刮干净并进行防腐处理后进行粘补；椽头糟朽部分影响大小连檐安装的，局部糟朽超过原有椽径的2/5及后尾劈裂的裂缝长度超过600mm、深度超过40mm的，椽子腐朽深度超过1/3，飞子尾部糟朽，应进行更换。不足上述标准的，现状整修后继续使用。更换部分应根据原材料按原来的长度、直径、搭接方式制作。新制的椽子如图G2-2-23所示。

（2）望板：本工程中望板为横铺做法，接缝形式为斜缝，灰背揭除后应做好原样记录。凡糟朽的旧望板均应用干燥的木材按原铺钉形式更换，新配望板尺寸可根据原望板尺寸制作，如图G2-2-24。

（3）连檐、瓦口、闸挡板、椽椀：糟朽、劈裂等影响使用的部分须用干燥木材按原形制更换，小连檐及里口木的长度最短应在2m以上，翼角大连檐所用木料应无疤节。新做里口木如图G2-2-25所示。

图G2-2-23 补配椽飞

四、油作

1. 地仗

地仗是建筑油饰彩画的基础，其质量直接关系到油饰彩画的质量。而其中各种材料的配比是保证质量的关键。施工前向操作人员技术交底，料房严格按要求配兑材料。各种油灰均提前配制，配好的油灰放置1～2小时后再使用，以使其中的液体材料充分被砖灰吸收，在使用时达到最佳效果。同时要求一次配的料不要过多，以免因存放时间过长导致撤劲。

图G2-2-24 补配望板

在做一麻五灰地仗时，首先要求对基层处理到位、斧迹均匀、深浅一致，特别是构件交接及边角处，不破坏木筋及边角的形状，遇有较大缝隙时应楦缝、下竹钉。汁浆时应涂刷均匀，缝内支严刷到，不流不坠。捉缝灰掖满捉实，避免出现蒙头灰，在灰缝较大的部位适当添加大籽、楞籽。通灰做到圆平直顺，厚度不小于2mm。麻浆薄厚均匀，麻层厚度不小于2mm，垂直木纹方向粘麻。遇有铁箍时，提前在铁箍处使一层垂直于铁箍的麻。压麻时轧实，避免抽筋、崩秧、空鼓等现象。磨麻要求在麻八九成干时进行，磨时动作短急，使麻表面出绒，不能磨断麻丝。过板子时使板口与下层通灰板口错开，以免出现出节现象。中灰层避免过厚，以防开裂。细灰厚2mm以上，做好后及时磨细钻生。磨细灰时先磨边楞线脚，后磨大面，使棱角分明，表面达到平直光洁的效果。钻生油则要求随磨随钻，使生油喝透。干燥后，在需要油活的部分攒刮血料腻子，仅做一薄层，腻子干后以砂纸打磨，磨距长，不伤下层地仗，秧角整齐直顺，线条饱满圆润。以上操作如图G2-2-26～图 G2-2-31所示。

图G2-2-25 新做里口木

图G2-2-26 修补博缝板

图G2-2-27 楦补开裂柱子

图G2-2-28 捉缝灰（左）

图G2-2-29 通灰（右）

图G2-2-30 批麻（左）

图G2-2-31 压麻（右）

　　建筑下架大木构件上的边楞和装饰线，通过轧线方式取得，轧线前由有经验的工人根据木基层的尺寸制作轧子，避免轧线时出现灰料过厚的情况。轧线前，对槛框线口的压麻灰进行通磨，线脚等处修磨平直。随后用轧子将灰塑出基本形状，最后进行修整，使线脚平直无接缝，灰料厚度一致。

2. 油饰

　　油饰的质量好坏直接关系到建筑的外观形象和油皮的耐久程度。颜料光油配对时经过多次试验，掌握油的性能，并做成样板，经技术监督人员认可后方可使用。垫光油后经呛粉打磨再进行两道油或三道油的施工。施工时避开风、雨、雾天及早晚湿度较大的时段，施工前清理现场，并在施工中做好防护，避免污染，使油皮洁净光亮。如图G2-2-32为刷油时的照片记录。

　　贴金部位分布于上架彩画、斗拱、山花、天花、门窗框线、匾额等部位。由于各处工艺基本相同，在此一并详述。图G2-2-33为贴金操作照片记录。贴金前首先包黄胶一道，即用黄色涂料标明贴金部位。寿皇殿修缮中采用包油胶的做法，以避免打金胶时产生喝油现象。施工中采用"隔夜金胶油"，根据第二天的工作量分段打金胶，并使各部位金胶油严实饱满，避免漏刷。油皮部位如椽头、外檐、垫拱板等处在打金胶前呛粉，避免油皮吸金。贴金时正逢秋季多风时节，因此在贴金前根据天气预报安排工作，尽量避开刮风天，并支搭"金帐子"，保证了工作的顺利完成。

五、彩画

　　为最大限度地保留清代彩画的真实性和完整

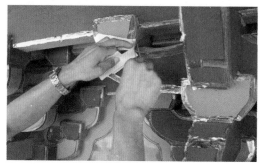

图G2-2-32 刷油（左）

图G2-2-33 贴金（右）

性，本方案拟对现存较完整的梁枋彩画进行整体保留，作除尘、回贴处理；对缺失的彩画进行补绘；对后期绘制的彩画进行纠错，按原制重绘。

1. 除尘

地仗较好，龟裂、起甲不严重的彩画，可用莜麦面团滚擦三遍以上进行除尘；大面积积尘或表面粉化、龟裂、起甲的彩画，可用软毛刷或吸尘器除尘；鸟粪、水渍等污物，可用清水或蒸馏水直接清洗；能揭取或脱骨地仗的背面部分须除尘后进行回贴。除尘后彩画表面的污染物须清除干净。

2. 软化回贴

彩画地仗空鼓、剥离、脱落部分，可先将其揭取后，用水性丙烯酸乳液（环氧树脂类）将彩画重新回贴，最后用铁钉钉牢。回贴处理前须将其用热蒸汽软化表面及地仗层后再进行粘接。局部空鼓、开裂和部分起甲的彩画，可将环氧树脂胶粘剂用注射器注入或用渗透的方法加固。彩画粘接加固之后须用支顶架子临时支顶，待粘接牢固后方可去除。

3. 钉固

回贴部分的彩画因变形不能完全复位时，用圆钉加金属垫钉牢。

4. 补配、随色

（1）彩画局部缺失时，应按现存彩画的形制，按传统做法补绘。颜色应兼顾协调与可识别性的原则，最终达到远看一致、近看有别的效果。木构件原有彩画须重新绘制时，应按照现有实物起谱子，细部纹饰按照现存彩画的式样和做法绘制。

（2）对于彩画缺损部分的补做，应采用传统工艺和材料，按现存彩画的式样和做法补绘，颜色效果方面遵循协调和谐的可识别性原则。

（3）彩画残损严重，需要按现状重绘部分，按设计要求先将维修建筑上的彩画所有纹饰描拓、记录下来，拍照、编号、存档，作为重绘彩画的依据，经设计部门验收后方可施工。

（4）根据拓取的纹饰在牛皮纸上起彩画谱子，谱子的主要框架尺寸以设计图及实物现状为准，细部纹饰按现状彩画绘制。谱子拟出后，经设计部门审核无误后方可定稿。

（5）彩画的各种颜色，需使用传统颜料。主要颜色先制成样板，经设计部门选定后，经有关部门检验，确认合格后方可施涂。贴金用的金胶油必须用传统材料骨胶调制，注意使用有毒颜料时须采取相应的防护措施。

（6）施工程序要按传统工艺进行。大色以色标为准，严禁出现翘皮、掉色、漏虚、漏刷等现象；金线彩画各种沥粉线条要求光滑、直顺、宽窄一致，大面无刀子粉、疙瘩粉及明显瘪粉，不得出现崩裂、掉条、卷翘等现象；图案工整规则，梁枋主要线条（箍头线、枋心线、皮条线、岔口线、盒子线）准确直顺、宽窄一致，无明显搭接错位、离缝现象；大面棱角整齐方正。

（7）为了能更好地保护彩画，需对脚手架、照明灯光等配套设施进行特殊处理，同时专门加工定做支架顶。施工人员在施工过程中应采取必要的安全防护措施。

（8）施工过程中的每一阶段，都要做详细的记录，包括文字、图纸、照片，留取完整的工程技术档案资料。施工中如发现隐蔽工程或与设计不符，需做好记录并及时通知设计人员，以便调整或变更设计。

第三节　修缮材料

一、木材

根据现场勘察，寿皇殿建筑群所使用大木材料多为油松及落叶松，故此次修缮建议选用松木，凡梁、柱、枋、角梁、檩等大木构件均选用与原建筑同种木材。

本工程所添配的木构件及粘接所用之木料，不得有木结和裂缝。木构件均整根整件制安，不得拼合及包镶。斗拱和大木构件制作，选用东北落叶松；椽望、连檐等，选用杉木、红松；槛框门扇制作选用一级红松。补配构件相应要求按照北京市《文物建筑修缮工程操作规程》的要求执行，严格控制含水率。北京市《文物建筑修缮工程操作规程》中要求柱、梁、枋类木构件含水率不大于25%，檩（桁）类木构件的含水率不大于20%，板及椽类木构件含水率不大于10%。

其材质标准应满足《古建筑木构架结构维护与加固技术规范》（GB 50165-92）中表6.3.3之规定，木材均应为干燥材且含水率不得大于16%。

1. 木构件防腐、防火

对于外露或表面需做彩画的木构件采用复合木材防腐防霉防虫剂MFB-2。

每4kg药粉先用少量的80℃以上热水将药剂充分溶解，再倒入冷水稀释至总重100kg（即药粉4kg加水96kg），搅拌均匀。处理木材时必须将木件表面的泥土与杂质刷洗干净，然后按制定的处理工艺，进行防腐防霉防虫处理。图G2-3-1为刷防腐剂。处理新木构件必须先剥掉树皮，干燥至含水率在20%以下。处理方法喷、涂、浸泡均可。喷涂须反复进行多次（至少四五次），后一次喷涂在前次处理完毕且木材表面干燥后进行。所有与灰背及墙体接触的木构件，如望板、木柱、博缝板等，接触面一律涂刷木材防腐油MFY-1。

防腐油使用前及使用过程中要将煤焦油与防腐剂充分搅拌，混合均匀；依据需要处理木构件的面积，用药量按照0.5kg/m²计算，采用涂刷

处理方法。在确保用药量的前提下，防腐油可发挥良好的效果。在施工中涂刷防腐油时，要求均匀、充分、勿留白，小心仔细操作，按照用药量的要求一次涂刷完毕。望板要在溜缝后涂刷防腐油，以避免防腐油渗漏污染下面的构件。对柱身等构件需要涂刷的部位应画线示意，防止将防腐油涂在非处理区，影响后续工序。

2. 木构件的熏蒸防虫

建筑大木构件均需进行熏蒸防虫处理，如图G2-3-2。

熏蒸药剂选用硫酰氟。硫酰氟在常温常压下是无色无味气体，沸点为-55.4℃，现使用的剂型是压缩在钢瓶内的液体。硫酰氟气体不燃烧、不爆炸，对金属、木材、油漆、油墨字画、书籍等无腐蚀性，其渗透力强，杀虫谱广，能杀死各种建筑物虫害和储藏物虫害。

（1）熏蒸开始前对建筑物进行密封，建筑四周门窗采用塑料帐幕及密封胶带、密封压条、密封橡胶等进行综合密封。顶棚上部的四周墙体、角落及与檐口结合处，孔洞、缝隙等采用塑料帐幕、发泡胶、密封胶和其他封堵材料进行综合密封。

（2）密封后由里向外逐点投放。投药后密封投药孔口，密封熏蒸3~5天。

（3）熏蒸结束后散气，打开孔口自然散气1~2小时，然后器械排风散气直至各角落均检测不到药剂为止。散气期间，排风口下方10m内禁止人员久留。

（4）散气结束后进行拆封，整理恢复原状。

施工前由具有专业虫害防治资质的公司进行深化设计,保证施工安全。

二、砖瓦

补配砖和琉璃瓦等构件要求按照拆修部位的砖瓦规格,新配砖瓦要质密、平整、不低于现有旧砖瓦强度。所有脊件、瓦件、砖石料及各种油料均应选购合格产品,并有相应的检测报告。建议采用北京房山或天津蓟州出产的手工砖瓦,如图G2-3-3～图G2-3-5。

三、铁箍

木结构用铁箍加固时,铁箍的大小按所在部位的尺寸及受力情况而定,一般情况下铁箍宽50mm,厚3～4mm,长按实际需要设定。铁箍可用螺栓锚固或用手工制的大头方钉钉入梁内,使用时表面刷防锈漆。

四、石料

根据补配原件的材料选择修配用材,阶条石、垂带石、分心石、牙子石等石构件使用青白石进行补配,栏板、望柱石材均为汉白玉,采用北京房山出产的石材。

五、白灰

白灰应选用优质生石灰块熟化,熟化时间不少于7天。施工中使用的各种灰浆严格按传统工艺用生石灰泼制,禁止使用袋装石灰粉。建议采用门北京头沟地区出产的泼制石灰。

六、檐蒙

考虑挂网的功能和视觉效果,挂铜丝网的建筑有寿皇殿大殿、寿皇门、东西正殿、东西碑亭及东西配殿。铜丝网规格要求:黄铜丝直径2～3mm,网格20mm。

七、其他

对拆卸下的瓦件、木构件、砖石等需进行编号,集中存放。对现场古树以及台基、室外陈设等进行有效保护。对隐蔽部位的题记、款识进行详细记录和拍照,如图G2-3-6～图G2-3-8。

图G2-3-3 灰池

图G2-3-4 一字砖桌

图G2-3-5 瓦料

图G2-3-6 带铭文瓦件

图G2-3-7 梁枋题记

图G2-3-8 梁枋题记

第四节　寿皇殿大殿修缮示例

自2016年5月绵禧殿处搭设脚手架开始，至2017年9月油饰结束，工程历时17个月，修缮后如图G2-4-1和图G2-4-2所示。

一、台明及地面

月台须弥座、栏板望柱等石构件拆安，粘补、归安残损的石构件。月台重做垫层后，恢复大城样砖斜墁地面，更换局部残损严重的石构件。廊步630mm×630mm（二尺）方砖细墁地面打点约75块，粘接6块，更换78块，找补垫层（300mm厚三七灰土）；室内方砖细墁地面打点约10%，酥碱，深度超过30mm的更换约60%，添配20%，找补垫层（300mm厚三七灰土）。图G2-4-3～图G2-4-6记录了部分操作。

图G2-4-1 寿皇殿大殿修缮竣工后（一）

图G2-4-2 寿皇殿大殿修缮竣工后（二）

二、大木构件

东西两侧金柱柱根墩接6根，高约1400mm。檐柱柱根墩接2根，高约1200mm。归安天花梁、管脚枋、正心檩，用铁箍加固。二层角梁归安，铁箍加固，二层西北仔角梁更换，东南仔角梁更换，5根仔角梁上表面镶补30～50mm，6根由戗更换。部分扭转、干裂木构件用铁箍加固。斗拱拆修安，小斗添配50%。西北角二次间平板枋归安。北侧围脊枋及额枋归安。1—3轴天花梁下木梁及雀替拆除。所有木材做防虫、防腐、防火处理。外檐更换防鸟铜网。修缮做法如图G2-4-7～图G2-4-30所示。

图G2-4-11 拆卸角梁（左）

图G2-4-12 拆卸下檐挑檐桁
（右）

图G2-4-13 拆除上檐正心桁
（左）

图G2-4-14 安装下檐正心桁
（右）

图G2-4-15 安装下檐挑檐桁
（左）

图G2-4-16 下檐老角梁和仔
角梁（右）

图G2-4-17 拆除下檐老角梁
和仔角梁（左）

图G2-4-18 下檐童柱（右）

图G2-4-19 安装下檐老角梁
（左）

图G2-4-20 安装下檐仔角梁
（右）

图G2-4-21 搭建拆装斗拱平台（左）

图G2-4-22 拆卸斗拱（右）

图G2-4-23 拆卸下的斗拱（左）

图G2-4-24 拆卸斗拱（右）

图G2-4-25 安装坐斗（左）

图G2-4-26 安装斗拱（右）

图G2-4-27 柱头斗拱加固（左）

图G2-4-28 斗拱坐斗垫木（右）

图G2-4-29 斗拱安装（左）

图G2-4-30 安装挡板（右）

三、屋面

四样黄琉璃瓦屋面挑顶修缮,恢复锡背的传统做法。瓦件、脊件断裂、破碎或者酥碱深度超过瓦件厚度的1/3者,予以更换;其余掉釉瓦件继续使用,掉釉处刷憎水剂。糟朽的连檐瓦口、椽子、望板予以更换;其余望板上表面沥青油毡铲除,砍毛涂刷防腐剂后,继续使用。修缮过程如图G2-4-31～图G2-4-79所示。

图G2-4-31 拆卸下檐戗脊跑兽

图G2-4-32 拆卸合角吻(左)

图G2-4-33 拆卸正吻(右)

图G2-4-34 拆卸上檐筒板瓦(左)

图G2-4-35 吻兽拆解后(右)

图G2-4-36 拆卸下檐筒板瓦(左)

图G2-4-37 拆卸下檐筒板瓦(右)

图G2-4-38 拆卸上檐筒板瓦(左)

图G2-4-39 拆卸的瓦件摆放整齐(右)

图G2-4-40 清理屋面（左）

图G2-4-41 清理屋面灰背（右）

图G2-4-42 拆卸望板（左）

图G2-4-43 拆卸望板（右）

图G2-4-44 清理防水布（左）

图G2-4-45 拆卸望板（右）

图G2-4-46 拆卸飞椽（左）

图G2-4-47 拆卸檐椽（右）

图G2-4-48 拆卸脑椽（左）

图G2-4-49 拆卸衬头木（右）

图G2-4-50 下檐拆卸瓦件后
（左）

图G2-4-51 下檐清理灰背，
拆卸望板后（右）

图G2-4-52 下檐拆卸望板和
飞椽后（左）

图G2-4-53 下檐新做檐椽和
连檐（右）

图G2-4-54 新做下檐翼角望
板（左）

图G2-4-55 下檐新做灰泥背
（右）

图G2-4-56 角梁铺锡背
（左）

图G2-4-57 翼角灰背（右）

图G2-4-58 夹垄抹灰（左）

图G2-4-59 围脊砌筑（右）

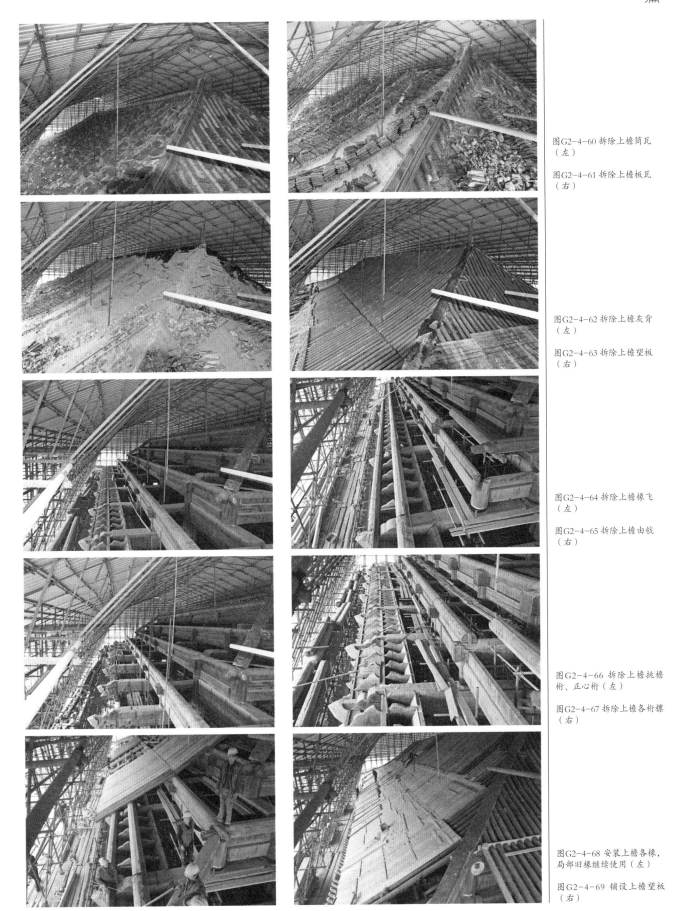

图G2-4-60 拆除上檐筒瓦
（左）

图G2-4-61 拆除上檐板瓦
（右）

图G2-4-62 拆除上檐灰背
（左）

图G2-4-63 拆除上檐望板
（右）

图G2-4-64 拆除上檐椽飞
（左）

图G2-4-65 拆除上檐由戗
（右）

图G2-4-66 拆除上檐挑檐
桁、正心桁（左）

图G2-4-67 拆除上檐各桁檩
（右）

图G2-4-68 安装上檐各椽，
局部旧椽继续使用（左）

图G2-4-69 铺设上檐望板
（右）

图G2-4-70 屋面望板铺设完成（左）

图G2-4-71 涂刷防腐剂（右）

图G2-4-72 苫护板灰（左）

图G2-4-73 苫第二道灰背（右）

图G2-4-74 角梁铺锡背（左）

图G2-4-75 苫灰背（右）

图G2-4-76 宽底瓦（左）

图G2-4-77 宽筒瓦（右）

图G2-4-78 宽瓦完成（左）

图G2-4-79 调垂脊（右）

四、墙体

　　槛墙琉璃砖掉角超过1/4，缺边超过1/3，或者看面缺损超过30%的，予以更换。后檐墙堵砌门窗洞，外立面上身恢复靠骨灰做法，刷红土子浆，下碱恢复高度1500mm。内侧所有墙体（包括廊心墙）上身恢复包金土做法墙面，墙边恢复大青界拉红、白线墙边彩画。修缮过程如图G2-4-80～图G2-4-88所示。

图G2-4-80 清理槛墙背里

图G2-4-81 重砌干摆槛墙（左）

图G2-4-82 刮抹大麻刀灰（右）

图G2-4-83 内墙面抹黄灰刷包金土浆（左）

图G2-4-84 旧龟背锦琉璃砖（右）

图G2-4-85 琉璃砖粘接（左）

图G2-4-86 琉璃砖清理（右）

图G2-4-87 粘补琉璃砖（左）

图G2-4-88 清理重砌琉璃砖（右）

五、装修

南侧金步东西三次间后改的槛墙及木窗拆除，恢复三交六椀六角菱花窗隔扇门；4根抱框，按现状保留的抱框尺寸补齐缺失部分，下槛添配2根；其余槛窗和隔扇门添配，下槛添配3根，横披窗棂条添配。添配铜包叶等配套铜构件。室内装修添配，天花支条整修，支条更换，天花更换，匾额添配1个。修缮过程如图G2-4-89～图G2-4-95。

图G2-4-89 拆除槛窗

图G2-4-90 拆除隔扇（左）

图G2-4-91 新做隔扇（右）

图G2-4-92 安装隔扇门（左）

图G2-4-93 恢复寿皇殿室内暖阁（右）

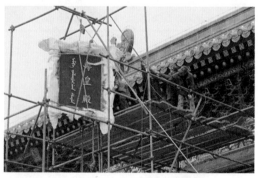

图G2-4-94 恢复屏风供桌（左）

图G2-4-95 恢复匾额（右）

六、油饰彩画

内檐天花梁、天花枋、北侧大小额枋内檐部分斩砍见木，恢复清乾隆时期和玺彩画，贴两色金；其余内檐梁枋在妥善保护的基础上，用传统工艺除尘，修补、加固地仗。檩、梁枋彩画枋心头轮廓线为硬式，圭线光为软式，檩、大小额

枋圭线光内，凡青地画西番莲，绿地画灵芝草，挑尖梁圭线光内画西番莲，所有挑檐檩枋心上下边不做楞线，主线光减去横线。内檐天花彩画恢复升降龙，升龙头在北面。外檐按内檐彩画恢复。下架柱框、木装修、连檐、瓦口、椽、飞头等木构件斩砍见木，寿皇殿下架柱木装修使灰七

道、满麻二道、布一道。斗板、亲头木、连檐、瓦口、橡椽、望板当使灰三道，上架枋梁大木斩砍、使灰六道、满麻二道，橡子使灰三道。修缮过程见图G2-4-96～图G2-4-104。

图G2-4-96 砍斫油饰地仗（左上）

图G2-4-97 做底灰（左下）

图G2-4-98 天花沥粉（右）

图G2-4-99 钻生油（左）

图G2-4-100 刷色（右）

图G2-4-101 包金胶（左）

图G2-4-102 绘色（右）

图G2-4-103 贴金（左）

图G2-4-104 罩光油（右）

七、局部具体工艺流程

1.柱体墩接

具体工艺流程见图G2-4-105～图G2-4-114。

图G2-4-105 金柱墩接前加固措施（左）

图G2-4-106 砍斫金柱旧油漆地仗（右）

图G2-4-107 切割糟朽柱根（左）

图G2-4-108 打磨平整（右）

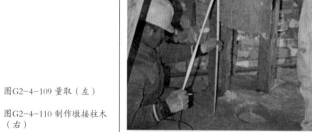

图G2-4-109 量取（左）

图G2-4-110 制作墩接柱木（右）

图G2-4-111 心柱墩接加铁箍（左）

图G2-4-112 制作包镶板（右）

图G2-4-113 包镶板拼接（左）

图G2-4-114 金柱修复完成（右）

2.椽望铺设

具体工艺流程见图G2-4-115～图G2-4-124。

图G2-4-115 搭接上檐山面椽子（左）

图G2-4-116 安装里口木（右）

图G2-4-117 衬头木削椽椀（左）

图G2-4-118 钉椽挡板（右）

图G2-4-119 安装飞椽（左）

图G2-4-120 修理椽头（右）

图G2-4-121 安装衬头木（左）

图G2-4-122 安装翼角椽（右）

图G2-4-123 铺钉望板（左）

图G2-4-124 望板勾缝（右）

3.屋面苫背

具体工艺流程见图G2-4-125～图G2-4-134。

图G2-4-125 涂防腐溶液
（左）

图G2-4-126 苫护板灰（右）

图G2-4-127 苫二层泥背
（左）

图G2-4-128 苫灰背（右）

图G2-4-129 铺锡背（左）

图G2-4-130 苫二层灰背
（右）

图G2-4-131 铺设麻刀绒
（左）

图G2-4-132 添加麻刀绒
（右）

图G2-4-133 将麻刀绒拍入
灰背（左）

图G2-4-134 加灰抹平
（右）

4.屋面宽瓦

具体工艺流程见图G2-4-135～图G2-4-144。

图G2-4-135 冲垄（左）

图G2-4-136 板瓦扎缝（右）

图G2-4-137 宽筒瓦（左）

图G2-4-138 筒瓦按照瓦刀线调平（右）

图G2-4-139 捉节夹垄（左）

图G2-4-140 砌筑垂脊（右）

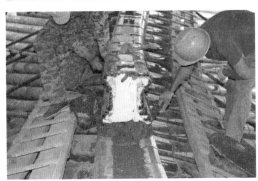

图G2-4-141 砌筑垂脊（左）

图G2-4-142 安装脊件（右）

图G2-4-143 安正吻（左）

图G2-4-144 安装钉帽（右）

5.油饰地仗

具体工艺流程见图G2-4-145～图G2-4-154。

图G2-4-145 旧地仗砍净（左）

图G2-4-146 上籽油通灰（右）

图G2-4-147 铺麻（左）

图G2-4-148 压麻（右）

图G2-4-149 压麻灰（左）

图G2-4-150 上中灰（右）

图G2-4-151 刷细灰（左）

图G2-4-152 磨细灰（右）

图G2-4-153 刷生油（左）

图G2-4-154 地仗完成（右）

6.彩画

具体工艺流程见图G2-4-155～图G2-4-164。

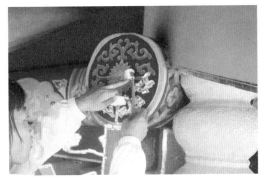

7.其他

其他墩接等工艺流程见图G2-4-165～图G2-4-174。

图G2-4-165 墩斗上题记"太兴木"（左）

图G2-4-166 包镶板上题记（右）

图G2-4-167 童柱上苏州码（左）

图G2-4-168 包镶板上题记（右）

图G2-4-169 明间脊檩彩画（左）

图G2-4-170 明间脊檩彩画局部（右）

图G2-4-171 室内天花（左）

图G2-4-172 廊部天花（右）

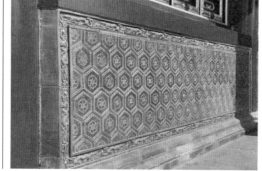

图G2-4-173 琉璃槛墙（左）

图G2-4-174 外檐彩画（右）

第五节　各殿座修缮纪实

一、南砖城门

自2016年10月南砖城门处搭设脚手架开始，至2017年9月油饰结束，修缮工程历时12个月。

本工程修缮性质为现状整修，挑顶修缮，施工过程如图G2-5-1～图G2-5-21所示。

（1）台明及地面：更换青白石台明，清除水泥砂浆，粘补残损的须弥座、阶条石等石构件。拆除北侧水泥礓礤及灰土垫层，恢复青白石礓礤及垫层，补配垂带、燕窝石、如意石，拆除水泥方砖及垫层，恢复大城样褥子面散水与垫层。对所有石材进行物理清洗，修补后加封护剂。

（2）琉璃构件：更换严重破损的角梁；补配、粘修板椽、檩、套兽、斗拱、雀替等构件，对拆下的琉璃构件进行物理清洗；小麻刀灰打点勾缝，黄琉璃用红麻刀灰，绿琉璃用深月白麻刀灰。

（3）屋面：屋面揭除至檩，重做灰背，恢复七样黄琉璃瓦庑殿屋面，添配、更换、修补断裂、破碎或者酥碱严重的瓦件、脊件。掉釉瓦件继续使用，瓦件掉釉处刷憎水剂。

（4）墙体：物理清洗青白石须弥座，粘补破损部位用油灰勾缝，刷封护剂。清理圭角树根。铲除上身靠骨灰，重做靠骨红灰，刷红色浆料。拆除石膏板吊顶及墙体，券洞内铲除靠骨灰，恢复靠骨黄灰，刷包金土浆，墙边恢复大青界拉红，白线墙边彩画。

（5）装修：拆安、整修、加固门扇，拆安、更换、补配门钉，补配下槛，补配红木杠和大门包叶等五金饰件，现有五金面层做镀铜处理。所有木构件做防虫、防腐、防火处理。

（6）油饰彩画：随墙门斩砍见木，抱框、下槛、门扇使灰七道满麻二道布一道。

图G2-5-1 南砖城门修缮后

图G2-5-2 搭脚手架（左）

图G2-5-3 挂密目网（右）

图G2-5-4 拆卸瓦件（左）

图G2-5-5 清理灰背（右）

图G2-5-6 拆卸琉璃椽望
（左）

图G2-5-7 拆卸琉璃椽望
（右）

图G2-5-8 粘补琉璃椽望
（左）

图G2-5-9 宽瓦（右）

图G2-5-10 归安吻兽（左）

图G2-5-11 铲除墙上身抹灰
（右）

图G2-5-12 钉麻揪（左）

图G2-5-13 抹靠骨红灰
（右）

图G2-5-14 刷红土浆（左）

图G2-5-15 刷红土浆（右）

图G2-5-16 斩砍见木（左）

图G2-5-17 楂缝（右）

图G2-5-18 捉缝灰（左）

图G2-5-19 粘麻（右）

图G2-5-20 压麻灰（左）

图G2-5-21 搓麻（右）

二、神库

自2016年5月神库殿座搭设脚手架开始，至2017年11月油饰结束，工程历时19个月。修缮后的神库见图G2-5-22和图G2-5-23。

本工程修缮性质为重点修复，挑顶修缮。施工过程中发现神厨金步装修痕迹，据此调整檐部装修为金步装修，修缮过程见图G2-5-24～图G2-5-63。

（1）台明及地面：归安阶条石，补配、粘修残损石材，补配青白燕窝石，保留二级古树，剔补打点台帮。揭除水泥方砖地面，整修灰土垫层，更换、打点尺七方砖细墁地面，恢复大城样干摆十字缝台帮，大城砖褥子面散水。对石材进行物理清洗，修补后加封护剂。

（2）大木构件：大木梁架整体打牮拨正，铁箍加固三架梁、脊檩、枋、金檩，更换其他糟朽木构件。检查柱门时发现柱根糟朽严重，全部采取墩接做法，铁箍加固。整修斗拱（一斗二升交麻叶斗拱）。更换全部糟朽望板，替换糟朽檐椽、飞椽。局部加固和替换糟朽博缝板。所有木构件做防腐、防虫、防火处理。

（3）屋面：揭除屋面至大木梁架，恢复六样黄琉璃瓦悬山屋面，恢复锡背防水做法，补配缺失或破损的脊件、瓦件。旧瓦继续使用，屋面刷憎水剂两遍。

（4）墙体：拆除槛墙，恢复金步大城砖干摆十字缝槛墙，后檐墙大城砖干摆十字缝下碱，剔补、打点；后檐墙和山墙铲除上身抹灰，重做靠骨红灰罩红土浆饰面。封堵后开窗洞。室内墙上身恢复靠骨黄灰罩包金土浆饰面。补配透风砖，归安角柱石。

（5）装修：拆除檐部隔扇、槛窗。恢复金步三交六椀菱花槛窗和隔扇门及踏板，补配门窗面叶（看叶、双人字面叶、双拐角面叶）、扭头圈子。拆除室内现有两层吊顶，更换现有苇席吊顶，恢复白堂篦子天花。

（6）油饰彩画：砍至木基层，彩画内檐吊顶以下、外檐恢复墨线大点金一字枋心旋子彩画。铲除内外檐下架油漆地仗，重做二麻六灰地仗。外檐上架梁架重做一麻五灰地仗。

图G2-5-22 神库修缮后（左、右）

图G2-5-23 神库修缮后

图G2-5-24 搭脚手架（左）

图G2-5-25 拆卸筒板瓦（右）

图G2-5-26 瓦件堆放（左）

图G2-5-27 揭除灰背（右）

图G2-5-28 揭除望板（左）

图G2-5-29 拆除椽飞（右）

图G2-5-30 铺钉檐椽（左）

图G2-5-31 安椽中板（右）

图G2-5-32 铺钉望板（左）

图G2-5-33 铺钉椽望后（右）

图G2-5-34 苫护板灰（左）

图G2-5-35 苫泥背（右）

图G2-5-36 苫泥背（左）

图G2-5-37 苫泥背（右）

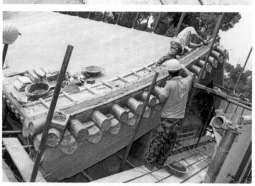

图G2-5-38 苫灰背（左）

图G2-5-39 窊排山沟滴
（右）

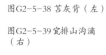

图G2-5-40 安正吻（左）

图G2-5-41 窊瓦（右）

图G2-5-42 窊垂脊（左）

图G2-5-43 调脊后（右）

图G2-5-44 揭露柱根（左）

图G2-5-45 柱根糟朽（右）

图G2-5-46 墩接柱根（左）

图G2-5-47 修补地面方砖
（右）

图G2-5-48 墙面钉麻（左）

图G2-5-49 拆除槛墙（右）

图G2-5-50 恢复金步装修
（左）

图G2-5-51 重做隔扇（右）

图G2-5-52 斩砍见木（左）

图G2-5-53 压麻（右）

图 G2-5-54 批麻（左）

图 G2-5-55 拱眼刷大色（右）

图 G2-5-56 拉大黑（左）

图 G2-5-57 贴金（右）

图 G2-5-58 刷光油（左）

图 G2-5-59 压麻灰（右）

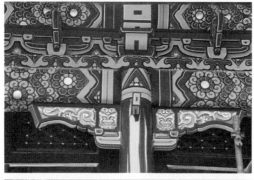

图 G2-5-60 抹细灰（左）

图 G2-5-61 刮腻子（右）

图 G2-5-62 油饰贴金（左）

图 G2-5-63 糊白堂篦子（右）

此外，施工过程中发现金檩残存金龙彩画，疑为挪用其他建筑构件。

三、神厨

自2016年5月神厨处搭设脚手架开始，至2017年9月油饰结束，工程历时17个月。修缮后的神厨见图G2-5-64所示。

本工程修缮性质为现状整修，挑顶修缮。施工过程中发现金步装修痕迹，据此调整檐部装修为金步装修，修缮过程如图G2-5-65～图G2-5-114所示。

（1）台明及地面：归安阶条石，补配、粘修残损石材，补配青白燕窝石，保留二级古树，剔补打点台帮。揭除水泥方砖地面，整修灰土垫层，更换、打点尺七方砖细墁地面，恢复大城样干摆十字缝台帮，大城砖褥子面散水。对石材进行物理清洗，修补后加封护剂。

（2）大木构件：大木梁架整体打牮拨正，铁箍加固三架梁、脊檩、枋、金檩，更换其他糟朽木构件。检查柱门发现柱根糟朽严重，全部采取墩接做法，用铁箍加固。整修斗拱（一斗二升交麻叶斗拱）。更换全部糟朽望板，替换糟朽檐

椽、飞椽。局部加固和替换糟朽博缝板。所有木构件做防腐、防虫、防火处理。

（3）屋面：揭除屋面至大木梁架，恢复六样黄琉璃瓦悬山屋面，恢复锡背防水做法，补配缺失或破损的脊件、瓦件。旧瓦继续使用，屋面刷憎水剂两遍。

（4）墙体：拆除槛墙，恢复金步大城砖干摆十字缝槛墙，后檐墙大城砖干摆十字缝下碱，剔补、打点；后檐墙和山墙铲除上身抹灰，重做靠骨红灰罩红土浆饰面。封堵后开窗洞。室内墙上身恢复靠骨黄灰罩包金土浆饰面。补配透风砖，归安角柱石。

（5）装修：拆除檐部隔扇、槛窗。恢复金步三交六椀菱花槛窗和隔扇门及踏板，补配门窗面叶（看叶、双人字面叶、双拐角面叶）、扭头圈子。拆除室内现有两层吊顶。更换现有苇席吊顶，恢复白堂篦子天花。

（6）油饰彩画：砍至木基层，彩画内檐吊顶以下、外檐恢复墨线大点金一字枋心旋子彩画。铲除内外檐下架油漆地仗，重做二麻六灰地仗。外檐上架梁架重做一麻五灰地仗。

图G2-5-64 神厨修缮后

图G2-5-65 搭脚手架（左）
图G2-5-66 揭除望板（右）

图G2-5-67 拆卸椽飞（左）
图G2-5-68 瓦件堆放（右）

图G2-5-69 拆卸椽飞（左）
图G2-5-70 加固梁架（右）

图G2-5-71 檩拔榫（左）
图G2-5-72 加固檩枋（右）

图G2-5-73 调整举高（左）
图G2-5-74 制安椽飞（右）

图G2-5-75 铺钉望板（左）

图G2-5-76 椽望铺钉后
（右）

图G2-5-77 望板防腐（左）

图G2-5-78 望板勾缝（右）

图G2-5-79 铺青灰背（左）

图G2-5-80 灰背铺麻（右）

图G2-5-81 灰背压麻（左）

图G2-5-82 晾灰背（右）

图G2-5-83 冲垄（左）

图G2-5-84 宽瓦（右）

图G2-5-85 调脊宽瓦（左）

图G2-5-86 归安正吻（右）

图G2-5-87 归安正吻（左）

图G2-5-88 清理柱根（右）

图G2-5-89 揭露柱根（左）

图G2-5-90 墩接柱根（右）

图G2-5-91 重砌柱根两侧下碱（左）

图G2-5-92 拆除槛墙（右）

图G2-5-93 恢复金步干摆槛墙（左）

图G2-5-94 恢复木踏板（右）

图G2-5-95 制作隔扇（左）

图G2-5-96 安装隔扇（右）

图G2-5-97 钉麻揪（左）

图G2-5-98 墙身抹底灰
（右）

图G2-5-99 墙身抹面灰
（左）

图G2-5-100 汁浆（右）

图G2-5-101 压麻灰（左）

图G2-5-102 磨细灰（右）

图G2-5-103 拍谱子（左）

图G2-5-104 拍谱子（右）

图G2-5-105 拍谱子（左）

图G2-5-106 拉大黑（右）

图G2-5-107 刷金胶（左）

图G2-5-108 贴金（右）

图G2-5-109 修补地面方砖
（左）

图G2-5-110 归安埋头石
（右）

图G2-5-111 添配角柱石
（左）

图G2-5-112 裱糊板凳（右）

图G2-5-113 糊布（左）

图G2-5-114 裱糊后吊顶
（右）

四、东井亭

自2016年5月东井亭处搭设脚手架开始，至2017年9月油饰结束，工程历时17个月。修缮后的东井亭见图G2-5-115。

本工程修缮性质为现状整修，挑顶修缮，施工过程见图G2-5-116～图G2-5-155。

（1）台明及地面：粘补、更换残损的陡板、阶条及踏跺等石构件，归安踏跺、台明，补配、粘修室内青石构件，重做灰土垫层，恢复大城砖褥子面散水。拆除后砌台座，补配井口石。对石材进行物理清洗，修补后加封护剂。

（2）大木构件：大木梁架整体打牮拨正，铁箍加固三架梁、脊檩、枋，更换其他糟朽木构件；墩接东北、西南木柱，用铁箍加固；补配东南角梁；整修斗拱（一斗二升交麻叶斗拱）；更换全部糟朽望板，替换糟朽檐椽、飞椽；所有木构件做防腐、防虫、防火处理。

（3）屋面：揭除屋面至大木梁架，揭除过程中发现望板上有油毡防水层，恢复七样黄琉璃瓦屋面，恢复锡背防水做法，补配缺失或破损的脊件、瓦件。旧瓦继续使用，屋面刷憎水剂两遍。

（4）装修：拆除后做吊挂楣子及花牙子，恢复灯笼框吊挂楣子及夔龙花牙子。拆除顶部后做天花。

（5）油饰彩画：斩砍见木，下架大木重做两麻六灰地仗。上架梁枋重做一麻五灰地仗。大连檐、瓦口、椽头、椽望、垫板重做三道灰地仗。斗拱、吊挂楣子及花牙子重做三道灰地仗。恢复墨线大点金一字枋心旋子彩画、三宝珠火焰垫板、墨边框、墨老角梁、浑金银宝相花宝瓶、烟琢墨斗拱；飞头片金万字、檐头绘龙眼宝珠。

（6）槛墙：拆安青白石坐凳面，粘补、打点，拆砌坐凳面以下墙体（大城砖干摆十字缝），补配大城砖。

图G2-5-115 东井亭修缮后

图G2-5-116 修缮前（左）

图G2-5-117 搭脚手架（右）

图G2-5-118 拆卸瓦件前
（左）

图G2-5-119 瓦件拆卸后，
苫布保护（右）

图G2-5-120 清理苫背（左）

图G2-5-121 揭除望板后
（右）

图G2-5-122 揭除望板后
（左）

图G2-5-123 拆除椽飞（右）

图G2-5-124 拆卸井口枋
（左）

图G2-5-125 制安椽飞（右）

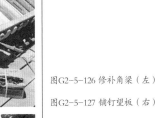

图G2-5-126 修补角梁（左）

图G2-5-127 铺钉望板（右）

图G2-5-128 铺钉椽望后（左）

图G2-5-129 晾青灰背（右）

图G2-5-130 冲垄（左）

图G2-5-131 宽瓦（右）

图G2-5-132 归安合角吻（左）

图G2-5-133 宽瓦完成（右）

图G2-5-134 柱根槽朽（左）

图G2-5-135 柱子防腐（右）

图G2-5-136 墩接柱根（左）

图G2-5-137 拆解踏跺（右）

图G2-5-138 修补坐凳墙
（左）

图G2-5-139 制安踏跺（右）

图G2-5-140 斩砍见木（左）

图G2-5-141 捉缝灰（右）

图G2-5-142 通灰（左）

图G2-5-143 批麻（右）

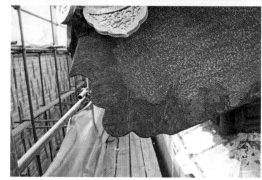

图G2-5-144 压麻（左）

图G2-5-145 抹中灰（右）

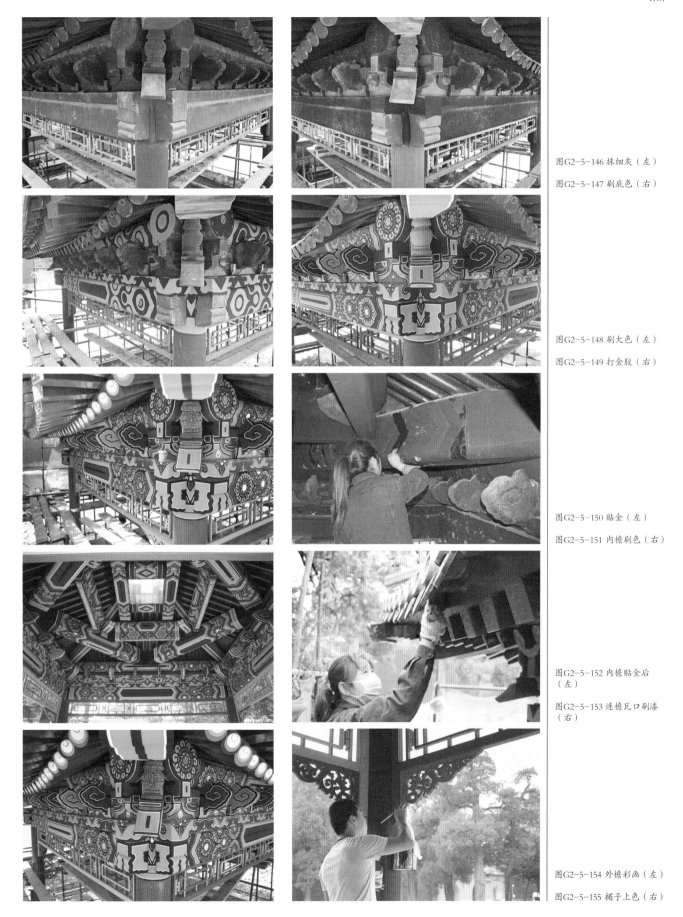

图G2-5-146 抹细灰（左）

图G2-5-147 刷底色（右）

图G2-5-148 刷大色（左）

图G2-5-149 打金胶（右）

图G2-5-150 贴金（左）

图G2-5-151 内檐刷色（右）

图G2-5-152 内檐贴金后
（左）

图G2-5-153 连檐瓦口刷漆
（右）

图G2-5-154 外檐彩画（左）

图G2-5-155 楣子上色（右）

五、西井亭

自2016年5月西井亭处搭设脚手架开始，至2017年9月油饰结束，工程历时17个月。修缮后情况见图G2-5-156～图G2-5-158。

本工程修缮性质为现状整修，挑顶修缮，施工过程如图G2-5-159～图G2-5-188所示。

（1）台明及地面：粘补、更换残损的陡板、阶条及踏跺等石构件，归安踏跺、台明，补配、粘修室内青石构件，重做灰土垫层，恢复大城砖褥子面散水。拆除后砌台座，补配井口石。对石材进行物理清洗，修补后加封护剂。

（2）大木构件：大木梁架整体打牮拨正，铁箍加固三架梁、脊檩、枋，更换其他糟朽木构件。墩接东北、西南木柱，用铁箍加固。补配东南角梁。整修斗拱（一斗二升交麻叶斗拱）。更换全部糟朽望板，替换糟朽檐椽、飞椽。所有木构件做防腐、防虫、防火处理。

（3）屋面：揭除屋面至大木梁架，揭除过程中发现望板上有油毡防水层，恢复七样黄琉璃瓦屋面，恢复锡背防水做法，补配缺失或破损的脊件、瓦件。旧瓦继续使用，屋面刷憎水剂两遍。

（4）装修：拆除后做吊挂楣子及花牙子，恢复灯笼框吊挂楣子及夔龙花牙子。拆除顶部后做天花。

（5）油饰彩画：斩砍见木，下架大木重做两麻六灰地仗。上架梁枋重做一麻五灰地仗。大连檐、瓦口、椽头、椽望、垫板重做三道灰地仗。斗拱、吊挂楣子及花牙子重做三道灰地仗。恢复墨线大点金一字枋心旋子彩画。三宝珠火焰垫板；墨边框、墨老角梁；浑金银宝祥花宝瓶；烟琢墨斗拱；飞头片金万字，檐头龙眼宝珠。

（6）槛墙：拆安青白石坐凳面，粘补、打点，拆砌坐凳面以下墙体（大城砖干摆十字缝），补配大城砖。

图G2-5-156 外檐修缮后（左）

图G2-5-157 内檐修缮后（右）

图G2-5-158 西井亭修缮后

图G2-5-159 搭脚手架（左）

图G2-5-160 揭除瓦件（右）

图G2-5-161 揭除油毡（左）

图G2-5-162 揭除望板（右）

图G2-5-163 制安连檐（左）

图G2-5-164 归安飞椽（右）

图G2-5-165 晾灰背（左）

图G2-5-166 重新宽瓦（右）

图G2-5-167 调脊（左）

图G2-5-168 归安脊件（右）

图G2-5-169 清理柱根（左）

图G2-5-170 墩接柱根（右）

图G2-5-171 重砌坐凳墙
（左）

图G2-5-172 制安倒挂楣子
（右）

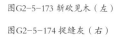

图G2-5-173 斩砍见木（左）

图G2-5-174 捉缝灰（右）

图G2-5-175 通灰（左）

图G2-5-176 压麻灰（右）

图G2-5-177 上细灰（左）

图G2-5-178 细灰（右）

图G2-5-179 画底色（左）

图G2-5-180 画黑老（右）

图G2-5-181 画绿色（左）

图G2-5-182 画旋子（右）

图G2-5-183 贴金（左）

图G2-5-184 重绘内檐彩画
（右）

图G2-5-185 外檐贴金（左）

图G2-5-186 拆解台基阶条
（右）

图G2-5-187 重砌台明（左）

图G2-5-188 恢复陡板石
（右）

六、寿皇门

自2016年5月寿皇门处搭设脚手架开始，至2017年10月油饰结束，工程历时18个月。修缮后的情况见图G2-5-189和图G2-5-190。

本工程修缮性质为现状整修，挑顶修缮，施工过程如图G2-5-191～图G2-5-240所示。

（1）台明及地面：拆安、粘补、归安残损的踏跺、须弥座、栏板、望柱等石构件。更换残损严重的石构件。铲除水泥抹面，更换青白石滴水石，铲除室内水泥划缝地面，重做垫层，恢复尺七方砖细墁地面。对石材进行物理清洗，修补后加封护剂。

（2）大木构件：墩接柱根糟朽严重的檐柱和金柱。楦补、铁箍加固单步梁、双步梁、太平梁及檩、垫板、枋；更换扶脊木。楦补瓜柱。更换西南角仔角梁，老角梁梁尾用铁箍加固，其余仔角梁上表面镶补，用铁箍加固，更换由戗。更换糟朽的连檐瓦口、椽子、望板，铲除其余望板上表面沥青油毡，砍毛涂刷防腐剂后，继续使用。所有木材做防虫、防腐、防火处理。外檐更换防鸟铜网。

（3）屋面：揭除屋面至大木梁架，恢复四样黄琉璃瓦悬山屋面，恢复锡背防水做法，更换残损严重的瓦件、脊件，其余掉釉瓦件继续使用，瓦件掉釉处刷憎水剂。

（4）墙体：拆除前后檐槛墙，重刷外墙面上身红土子浆；东南侧外墙面下碱大枋、立枋琉璃砖，琉璃龟背锦下碱更换残损砖体，铲除内墙面上身墙皮后，墙面采用灰缝包金土做法，墙边恢复大青界拉红、白线墙边彩画，下碱剔补打点，全部刷浆；拆除室内隔墙；重砌稍间墙。

（5）装修：拆除檐部门窗装修，恢复明、次间中柱位置的实榻木门扇，添配下槛、铜包叶等配套铜构件；整修天花支条；添配匾额。

（6）油饰彩画：内檐彩画除尘，部分回贴。天花除尘。外檐彩画除尘，部门回贴。斗拱（带黑老）除尘。角梁彩画除尘，新做构件重绘彩画。雀替彩画除尘。下架柱框、木装修、连檐、瓦口、椽飞头等木构件斩砍见木，下架柱木装修使灰七道满麻二道布一道。斗板、枕头木、连檐、瓦口、椽望板使灰三道，上架枋梁大木斩砍见木，使灰六道满麻二道，椽子使灰三道。

图G2-5-189 修缮后的寿皇门明间

图G2-5-190 修缮后的寿皇门

图G2-5-191 搭脚手架（左）

图G2-5-192 挂密目网（右）

图G2-5-193 挂密目网（左）

图G2-5-194 揭除瓦件（右）

图G2-5-195 苫盖苫布（左）

图G2-5-196 揭除椽望（右）

图G2-5-197 制安椽飞（左）

图G2-5-198 重做灰背（右）

图G2-5-199 恢复灰背（左）

图G2-5-200 恢复锡背（右）

图G2-5-201 晾青灰背（左）

图G2-5-202 宽瓦（右）

图G2-5-203 宽瓦（左）

图G2-5-204 宽瓦（右）

图G2-5-205 归安正吻（左）

图G2-5-206 制安椽子（右）

图G2-5-207 加固角梁（左）

图G2-5-208 加固斗拱（右）

图G2-5-209 制安连檐（左）

图G2-5-210 望板勾缝（右）

图G2-5-211 望板防腐（左）

图G2-5-212 苫护板灰（右）

图G2-5-213 铺锡背（左）

图G2-5-214 铺麻刀（右）

图G2-5-215 铺设锡背（左）

图G2-5-216 锡背完成（右）

图G2-5-217 压青灰背（左）

图G2-5-218 宽瓦（右）

图G2-5-219 宽脊瓦（左）

图G2-5-220 宽瓦（右）

图G2-5-221 揭露柱根（左）

图G2-5-222 揭露柱身（右）

图G2-5-223 墩接柱根（左）

图G2-5-224 墩接柱根（右）

图G2-5-225 墩接柱根（左）

图G2-5-226 铲除抹灰（右）

图G2-5-227 钉麻揪（左）

图G2-5-228 重新抹灰（右）

图G2-5-229 刷包金土浆
（左）

图G2-5-230 斩砍见木（右）

图G2-5-231 铺样趟（左）

图G2-5-232 地面冲趟（右）

图G2-5-233 重墁地面（左）

图G2-5-234 重做板门（右）

图G2-5-235 捉缝灰（左）

图G2-5-236 铺麻（右）

图G2-5-237 压麻（左）

图G2-5-238 柱子压麻（右）

图G2-5-239 抹腻子（左）

图G2-5-240 刷二朱油（右）

七、东西燎炉

自2016年5月东西燎炉处搭设脚手架开始，至2017年3月油饰结束，工程历时11个月。修缮后情况见图G2-5-241和图G2-5-242。

本工程修缮性质为现状整修，挑顶修缮，施工过程如图G2-5-243～图G2-5-252所示。

（1）台明及地面：粘补阶条石；铲除水泥抹面，拆除水泥方砖和垫层，重做灰土垫层，恢复大城样褥子面散水；物理清洗石材，修后加封护剂。

（2）琉璃构件：粘补檩、梁枋、斗拱、须弥座等破损琉璃构件，归安翼角板椽，物理清洗琉璃构件，釉面剥落处涂刷憎水剂，重新勾缝（黄琉璃用红灰，绿琉璃用深月白灰）。

（3）屋面：揭除屋面至苫背层，修补苫背，重新恢复七样黄琉璃瓦歇山屋面，更换残损

严重和缺失的瓦件、脊件，掉釉瓦件继续使用，瓦件掉釉处刷憎水剂两遍。

（4）墙体：拆砌炉内大城砖糙砌墙体，补配铁条与铁棚焊接，原有铁件火池除锈，保留现状。补配欢喜门内装熟铁门和铸铁下槛，所有铁件做防锈处理。

图G2-5-241 西燎炉修缮后（右）

图G2-5-242 东燎炉修缮后（下）

图G2-5-243 搭脚手架（左）

图G2-5-244 围密目网（右）

图G2-5-245 拆卸瓦件（左）

图G2-5-246 拆卸瓦件（右）

图G2-5-247 清理灰背（左）

图G2-5-248 清理灰背（右）

图G2-5-249 宽瓦（左）

图G2-5-250 宽瓦（右）

图G2-5-251 装瓦脊（左）

图G2-5-252 清理琉璃构件（右）

八、东配殿

自2016年5月东配殿处搭设脚手架开始，至2017年9月油饰结束，工程历时17个月。修缮后的情况见图G2-5-253。

本工程修缮性质为重点修复，挑顶修缮，施工过程如图G2-5-254～图G2-5-303所示。

（1）台明及地面：拆除室内架空木地面，更换酥碱、破损地面砖，重做垫层，恢复尺七方砖细墁地面，整体打点，桐油钻生。剔补酥碱、破损的大城样台帮砖，整体打点。拆除、恢复干摆十字缝砌筑象眼。拆安、粘补、归安残损的台明阶条石、踏跺、燕窝石、如意石等石构件。更换残损严重的石构件，油灰勾缝。对所有石材进行物理清洗，修补后加封护剂。降低室外地坪，揭除水泥砖及垫层，恢复三七灰土垫层和大城样褥子面散水。

（2）大木构件：屋面卸载后，大木上架结构整体打牮拨正，梁架整体归安加固，楦补、铁箍加固梁、檩、枋等木构件，拆安加固斗拱。墩接糟朽柱根。更换糟朽的连檐、瓦口、椽子、望板、扶脊木、山花板、博缝板、脊桩。更换西南角角梁，其他角梁粘补加固。所有木材做防虫、防腐、防火处理。外檐加做防鸟铜网。

（3）屋面：揭除屋面至大木梁架，恢复五样黄琉璃瓦歇山屋面，重做苫背，恢复锡背防水做法，重调正脊、垂脊、戗脊、博脊。更换残损严重的瓦件、脊件，补配缺失和瓦样不符的琉璃构件，掉釉瓦件继续使用，瓦件掉釉处刷憎水剂。

（4）墙体：南山墙上身拆砌，室外重做靠骨红灰罩红土浆饰面。剔除大城样干摆十字缝下碱表面抹灰，整体打点。北山墙上身铲除水泥抹灰，室外重做靠骨红灰罩红土浆饰面。剔除大城样干摆十字缝下碱表面抹灰，整体打点。拆除槛墙，恢复大城样干摆十字缝槛墙，糙砖背里，重做木窗踏板。拆除吊顶以下吸音板墙面和木龙骨吸引隔墙，拆除暖气、暖气罩及木墙裙，铲除室内墙面上身抹灰，重做靠骨黄灰罩包金土浆饰面。铲除大城样干摆十字缝下碱绿漆罩面，更换室内下碱大城样面砖，整体打点。

（5）装修：恢复三交六椀菱花槛窗和隔扇门，补配门窗面叶（看叶、双人字面叶、双拐角面叶）、扭头圈子。拆除室内现有吸音板、石膏板两层吊顶。恢复室内木顶格白堂篦子吊顶。整修室外廊步支条天花吊顶。

（6）油饰彩画：砍至木基层，内外檐恢复烟琢墨大点金旋子彩画，公母草枋心，飞头绘片金万字，椽头绘龙眼宝珠，垫板绘火焰三宝珠。

图G2-5-253 东配殿修缮后

图G2-5-254 搭脚手架（左）

图G2-5-255 拆卸瓦件（右）

图G2-5-256 拆卸瓦件（左）

图G2-5-257 揭除灰背（右）

图G2-5-258 揭除望板（左）

图G2-5-259 揭除望板（右）

图G2-5-260 拆卸椽飞（左）

图G2-5-261 拆卸角梁（右）

图G2-5-262 拆卸檩枋（左）

图G2-5-263 拆卸斗拱（右）

图G2-5-264 加固、整修斗拱（左）

图G2-5-265 铺钉椽飞（右）

图G2-5-266 铺钉望板（左）

图G2-5-267 抹护板灰（右）

图G2-5-268 抹护板灰（左）

图G2-5-269 重做苫背（右）

图G2-5-270 苫灰背（左）

图G2-5-271 宽瓦（右）

图G2-5-272 宽瓦（左）

图G2-5-273 宽瓦（右）

图G2-5-274 砌筑正脊（左）

图G2-5-275 屋面整修后（右）

图G2-5-276 瓦件比对（左）

图G2-5-277 瓦件堆放（右）

图G2-5-278 梁枋糟朽严重（左）

图G2-5-279 探查柱根（右）

图G2-5-280 截断糟朽柱根（左）

图G2-5-281 墩接柱根（右）

图G2-5-282 重砌槛墙（左）

图G2-5-283 钉麻揿抹灰（右）

图G2-5-284 细墁地面（左）

图G2-5-285 细墁地面（右）

图G2-5-286 新做槛窗（左）

图G2-5-287 通灰（右）

图G2-5-288 批麻（左）

图G2-5-289 压麻灰（右）

图G2-5-290 重新绘制（左）

图G2-5-291 斩砍见木（右）

图G2-5-292 捉缝灰（左）

图G2-5-293 通灰（右）

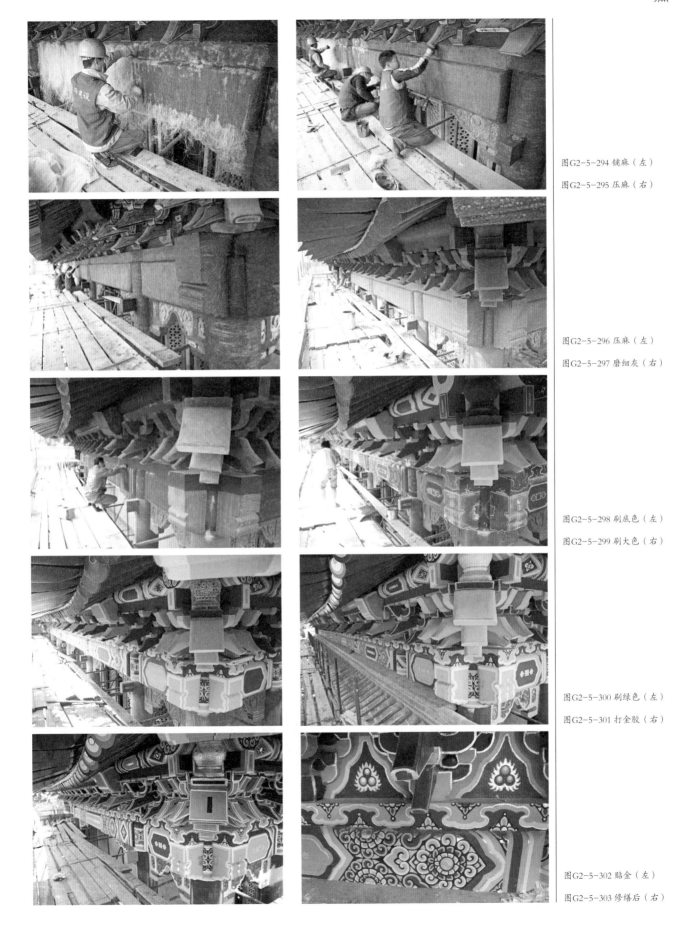

图G2-5-294 铺麻（左）

图G2-5-295 压麻（右）

图G2-5-296 压麻（左）

图G2-5-297 磨细灰（右）

图G2-5-298 刷底色（左）

图G2-5-299 刷大色（右）

图G2-5-300 刷绿色（左）

图G2-5-301 打金胶（右）

图G2-5-302 贴金（左）

图G2-5-303 修缮后（右）

九、西配殿

自2016年5月西配殿处搭设脚手架开始，至2017年9月油饰结束，工程历时17个月。修缮后见图G2-5-304。

本工程修缮性质为重点修复，挑顶修缮，过程如图G2-5-305～图G2-5-424所示。

（1）台明及地面：拆除室内架空木地面，更换酥碱、破损地面砖，重做垫层，恢复尺七方砖细墁地面，整体打点，桐油钻生。剔补酥碱、破损的大城样台帮砖，整体打点。拆除、恢复干摆十字缝砌筑象眼。拆安，粘补、归安残损的台明阶条石、踏跺、燕窝石、如意石等石构件。更换残损严重的石构件，油灰勾缝。对所有石材进行物理清洗，修补后加封护剂。降低室外地坪，揭除水泥砖及垫层，恢复三七灰土垫层和大城样褥子面散水。

（2）大木构件：屋面卸载后，大木上架结构整体打牮拨正，梁架整体归安加固，植补、铁箍加固梁、檩、枋等木构件，拆修安加固斗拱。墩接糟朽柱根。更换糟朽的连檐、瓦口、椽子、望板、扶脊木、山花板、博缝板、脊桩。更换东北仔角梁、东南、西北仔角梁两头刻榫粘接。所有木材做防虫、防腐、防火处理。外檐加做防鸟铜网。

（3）屋面：揭除屋面至大木梁架，恢复五样黄琉璃瓦歇山屋面，重做苫背，恢复锡背防水做法，重调正脊、垂脊、戗脊、博脊。更换残损严重的瓦件、脊件，补配缺失和瓦样不符的琉璃构件，掉釉瓦件继续使用，瓦件掉釉处刷憎水剂。

（4）墙体：南山墙上身拆砌，室外重做靠骨红灰罩红土浆饰面。剔除大城样干摆十字缝下碱表面抹灰，整体打点。北山墙上身铲除水泥抹灰，室外重做靠骨红灰罩红土浆饰面。剔除大城样干摆十字缝下碱表面抹灰，整体打点。拆除槛墙，恢复大城样干摆十字缝槛墙，糙砖背里，重做木窗踏板。拆除吊顶以下吸音板墙面和木龙骨吸引隔墙，拆除暖气、暖气罩及木墙裙，铲除室内墙面上身抹灰，重做靠骨黄灰罩包金土浆饰面。铲除大城样干摆十字缝下碱绿漆罩面，更换室内下碱大城样面砖，整体打点。

（5）装修：恢复三交六椀菱花槛窗和隔扇门，补配门窗面叶（看叶、双人字面叶、双拐角面叶）、扭头圈子。拆除室内现有吸音板、石膏板两层吊顶。恢复室内木顶格白堂篦子吊顶。整修室外廊步支条天花吊顶。

（6）油饰彩画：砍至木基层，内外檐恢复烟琢墨大点金旋子彩画。公母草枋心。飞头绘片金万字，椽头绘龙眼宝珠，垫板绘火焰三宝珠。

图G2-5-304 西配殿修缮后

图 G2-5-305 揭除瓦件（左）

图 G2-5-306 清除苫背（右）

图 G2-5-307 拆卸槽朴梁枋
（左）

图 G2-5-308 拆卸檩枋（右）

图 G2-5-309 归安檐椽（左）

图 G2-5-310 铺钉望板（右）

图 G2-5-311 苫护板灰（左）

图 G2-5-312 苫灰背（右）

图 G2-5-313 冲垄（左）

图 G2-5-314 宽瓦（右）

图G2-5-315 调脊（左）

图G2-5-316 安正吻（右）

图G2-5-317 宽瓦完成（左）

图G2-5-318 铺钉椽望（右）

图G2-5-319 重做白堂篦子
（左）

图G2-5-320 细墁地面（右）

图G2-5-321 细墁地面（左）

图G2-5-322 细墁完成（右）

图G2-5-323 重砌槛墙（左）

图G2-5-324 制安隔扇（右）

图G2-5-325 斩砍见木（左）

图G2-5-326 捉缝灰（右）

图G2-5-327 通灰（左）

图G2-5-328 批麻（右）

图G2-5-329 压麻灰（左）

图G2-5-330 磨细（右）

图G2-5-331 刷大色（左）

图G2-5-332 沥粉（右）

图G2-5-333 打金胶（左）

图G2-5-334 贴金（右）

十、东碑亭

自2016年8月东碑亭处搭设脚手架开始，至2017年9月油饰结束，工程历时13个月。修缮后见图G2-5-335。

本工程修缮性质为现状整修，挑顶修缮，施工过程如图G2-5-336～图G2-5-375所示。

（1）台明及地面：拆安，粘补、归安残损的须弥座、踏跺和望柱栏板及阶条石等石构件，补配缺失龙头；所有石构件挠洗见新。更换酥碱、破损地面砖，重做垫层，恢复尺七方砖细墁地面，整体打点。剔补酥碱、破损的大城样台帮砖，整体打点。更换残损严重的石构件，油灰勾缝。对所有石材进行物理清洗，修补后加封护剂。

（2）大木构件：屋面卸载后，大木上架结构整体打牮拨正，梁架整体归安加固，楦补、铁箍梁、檩、枋等木构件，拆修安加固斗拱。更换糟朽的连檐、瓦口、椽子、望板、雷公柱。剔补糟朽角梁，更换严重糟朽的角梁。所有木材做防虫、防腐、防火处理。外檐加做防鸟铜网。

（3）屋面：揭除屋面至大木梁架，恢复六样黄琉璃瓦攒尖屋面，重做苫背，恢复锡背防水做法，重调戗脊、围脊。更换残损严重的瓦件、脊件、宝顶，补配缺失的琉璃构件，掉釉瓦件继续使用，瓦件掉釉处刷憎水剂。

（4）墙体：更换残损龟背锦琉璃砖槛墙。室内剔补打点二城样干摆槛墙。

（5）装修：拨正变形、拔榫的井口天花支条，更换糟朽天花板。

（6）油饰彩画：砍至木基层，外檐按内檐彩画恢复，重做鎏金斗拱烟琢墨彩画；室内金龙和玺彩画整体除尘；更换吊顶支条天花，重做升降龙天花彩画，支条、井口线、窝角线贴红金彩画。

图G2-5-335 东碑亭修缮后

图G2-5-336 搭脚手架（左）

图G2-5-337 揭除瓦件（右）

图G2-5-338 揭除苦背（左）

图G2-5-339 拆除望板（右）

图G2-5-340 拆除飞椽（左）

图G2-5-341 揭除望板（右）

图G2-5-342 揭除椽飞（左）

图G2-5-343 拆除角梁（右）

图G2-5-344 制安角梁（左）

图G2-5-345 制安雷公柱
（右）

图 G2-5-346 制安檐椽（左）

图 G2-5-347 铺钉望板、飞椽（右）

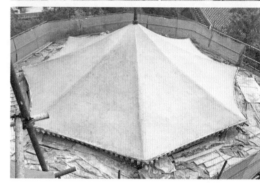

图 G2-5-348 铺钉望板（左）

图 G2-5-349 苫泥背（右）

图 G2-5-350 苫灰背（左）

图 G2-5-351 拆卸梁架（右）

图 G2-5-352 宽瓦（左）

图 G2-5-353 拆卸梁架（右）

图 G2-5-354 归安檩（左）

图 G2-5-355 制安角梁（右）

图G2-5-356 拆卸梁架（左）

图G2-5-357 拆卸檐椽（右）

图G2-5-358 拆卸角梁（左）

图G2-5-359 铺锡背（右）

图G2-5-360 铺锡背（左）

图G2-5-361 归安戗兽（右）

图G2-5-362 归安宝顶（左）

图G2-5-363 斩砍见木（右）

图G2-5-364 捉缝灰（左）

图G2-5-365 通灰（右）

图 G2-5-366 通灰（左）

图 G2-5-367 压麻（右）

图 G2-5-368 中灰（左）

图 G2-5-369 沥粉（右）

图 G2-5-370 刷大色（左）

图 G2-5-371 打金胶（右）

图 G2-5-372 贴金（左）

图 G2-5-373 彩画修饰后
（右）

图 G2-5-374 恢复天花彩画
（左）

图 G2-5-375 贴五金（右）

十一、西碑亭

自2016年8月西碑亭处搭设脚手架开始，至2017年9月油饰结束，工程历时13个月。修缮后见图G2-5-376。

本工程修缮性质为现状整修，挑顶修缮，施工过程如图G2-5-377~图G2-5-406所示。

（1）台明及地面：拆安，粘补、归安残损的须弥座、踏跺和望柱栏板及阶条石等石构件，补配缺失龙头；所有石构件挑洗见新。更换酥碱、破损地面砖，重做垫层，恢复尺七方砖细墁地面，整体打点。剔补酥碱、破损的大城样台帮砖，整体打点。更换残损严重的石构件，油灰勾缝。所有石材物理清洗，修补后加封护剂。

（2）大木构件：屋面卸载后，大木上架结构整体打牮拨正，梁架整体归安加固，楦补、铁箍梁、檩、枋等木构件，拆修安加固斗拱。更换糟朽的连檐、瓦口、椽子、望板、雷公柱。剔补糟朽角梁，更换严重糟朽的角梁。所有木材做防虫、防腐、防火处理。外檐加做防鸟铜网。

（3）屋面：揭除屋面至大木梁架，恢复六样黄琉璃瓦攒尖屋面，重做苫背，恢复锡背防水做法，重调戗脊、围脊。更换残损严重的瓦件、脊件、宝顶，补配缺失的琉璃构件，掉釉瓦件继续使用，瓦件掉釉处刷憎水剂。

（4）墙体：更换残损龟背锦琉璃砖槛墙。室内剔补打点二城样干摆槛墙。

（5）装修：拨正变形、拔榫的井口天花支条，更换糟朽天花板。

（6）油饰彩画：砍至木基层，外檐按内檐彩画形制恢复，重做鎏金斗拱烟琢墨彩画；室内金龙和玺彩画整体除尘；更换吊顶支条天花后，重做升降龙天花彩画，支条、井口线、窝角线贴红金彩画。

图G2-5-376 西碑亭修缮后

图 G2-5-377 古树保护（左）

图 G2-5-378 搭脚手架（右）

图 G2-5-379 揭除瓦件（左）

图 G2-5-380 清理灰背（右）

图 G2-5-381 揭除望板（左）

图 G2-5-382 拆卸椽飞（右）

图 G2-5-383 拆除由戗（左）

图 G2-5-384 拆卸梁架（右）

图 G2-5-385 拆卸太平梁
（左）

图 G2-5-386 拆卸桁檩（右）

图G2-5-387 拆卸梁檩（左）

图G2-5-388 修补檐椽（右）

图G2-5-389 铺钉檐椽（左）

图G2-5-390 添配飞椽（右）

图G2-5-391 铺钉望板（左）

图G2-5-392 钉连檐（右）

图G2-5-393 铺钉飞椽（左）

图G2-5-394 望板勾缝（右）

图G2-5-395 苫泥背（左）

图G2-5-396 苫泥背（右）

图 G2-5-397 铺锡背（左）

图 G2-5-398 压麻（右）

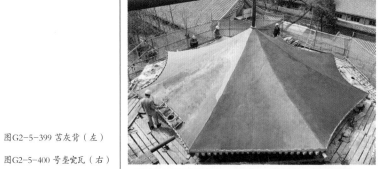

图 G2-5-399 苫灰背（左）

图 G2-5-400 号垄宽瓦（右）

图 G2-5-401 宽瓦（左）

图 G2-5-402 斩砍见木（右）

图 G2-5-403 铺麻（左）

图 G2-5-404 刷大色（右）

图 G2-5-405 重做油饰彩绘
（左）

图 G2-5-406 罩檐蒙（右）

十二、衍庆殿

自2016年5月衍庆殿处搭设脚手架开始，至2017年9月油饰结束，工程历时17个月。修缮后见图G2-5-407和图G2-5-408。

本工程修缮性质为现状整修，挑顶修缮，施工过程如图G2-5-409～图G2-5-438所示。

（1）台明及地面：拆除木地面，更换酥碱、破损地面砖，重做垫层，恢复尺七方砖细墁地面，整体打点，桐油钻生。拆安、粘补、归安残损的台明阶条石、须弥座、望柱栏板、踏跺、龙头等石构件。清理水泥黏结材料，更换残损严重的石构件，油灰勾缝。所有石材物理清洗，修补后加封护剂。

（2）大木构件：屋面卸载后，大木上架结构整体打牮拨正，梁架整体归安加固，楦补、铁箍加固梁、檩、枋等木构件，拆修安加固斗拱。墩接糟朽柱根，补配包镶板。更换糟朽的连檐、瓦口、椽子、望板、扶脊木、山花板、博缝板、脊桩。更换帽梁上铁质吊杆，更换糟朽严重的角梁。所有木材做防虫、防腐、防火处理。外檐加做防鸟铜网。

（3）屋面：揭除屋面至大木梁架，恢复五样黄琉璃瓦歇山屋面，重做苫背，恢复锡背防水做法，重调正脊、垂脊、戗脊、博脊。更换残损严重的瓦件、脊件，补配缺失的琉璃构件，掉釉瓦件继续使用，瓦件掉釉处刷憎水剂。

（4）墙体：拆除檐部后做两次间槛墙。铲除后做暖气及暖气罩，按原制恢复两山墙及后檐墙琉璃砖下碱，封堵后檐墙后开启窗洞后，恢复包金土室内墙体上身。铲除西山墙上身红土浆空鼓抹灰，重抹靠骨灰，刷红色浆料，更换方砖签尖；铲除现有廊心墙上身水泥抹面至砖层，重抹靠骨灰，恢复包金土上身，墙边大青界拉红，白线墙边彩绘。添配、粘修破损与缺失的龟背锦琉璃下碱。

（5）装修：拆除现有明间木隔扇门及两次间后做隔扇窗，保留现存三交六椀菱花样式横披窗；恢复金步装修，恢复隔扇门、三交六椀菱花楞条、框线贴金、面叶板贴金样式装修。拨正拔榫天花支条，拆除并更换糟朽支条与天花板。

（6）油饰彩画：外檐砍至木基层，按内檐彩画形制恢复。铲除室内后廊上架后做仿金龙和玺彩画部分，按照原形制，恢复金龙和玺彩画，斗拱重做金琢墨彩画。

图G2-5-407 衍庆殿明间修缮后（左）

图G2-5-408 衍庆殿修缮后（右）

图G2-5-409 搭脚手架（左）

图G2-5-410 揭除瓦件（右）

图G2-5-411 清理苫背（左）

图G2-5-412 归安角梁（右）

图G2-5-413 归安斗拱（左）

图G2-5-414 归安檩枋（右）

图G2-5-415 制安椽子（左）

图G2-5-416 铺钉望板（右）

图G2-5-417 望板勾缝（左）

图G2-5-418 苫泥背（右）

图G2-5-419 重做泥背（左）

图G2-5-420 重做灰背（右）

图G2-5-421 冲垄（左）

图G2-5-422 宽瓦（右）

图G2-5-423 调脊（左）

图G2-5-424 拆卸糟朽大木（右）

图G2-5-425 墩接柱根（左）

图G2-5-426 钉麻揪（右）

图G2-5-427 抹灰（左）

图G2-5-428 细墁地面（右）

图G2-5-429 恢复隔扇（左）

图G2-5-430 通灰（右）

图G2-5-431 压麻灰（左）

图G2-5-432 抹中灰（右）

图G2-5-433 磨细灰（左）

图G2-5-434 刷生油（右）

图G2-5-435 沥粉（左）

图G2-5-436 刷大色（右）

图G2-5-437 包金胶（左）

图G2-5-438 撕金（右）

十三、绵禧殿

自2016年5月绵禧殿处搭设脚手架开始，至2017年9月油饰结束，工程历时17个月。修缮后如图G2-5-439所示。

本工程修缮性质为现状整修，挑顶修缮，施工过程如图G2-5-440～图G2-5-479所示。

（1）台明及地面：拆除木地面，更换酥碱、破损地面砖，重做垫层，恢复尺七方砖细墁地面，整体打点，桐油钻生。拆安、粘补、归安残损的台明阶条石、须弥座、望柱栏板、踏跺、龙头等石构件。清理水泥黏结材料，更换残损严重的石构件，油灰勾缝。所有石材物理清洗，修补后加封护剂。

（2）大木构件：屋面卸载后，大木上架结构整体打牮拨正，梁架整体归安加固，植补、铁箍加固梁、檩、枋等木构件，拆修安加固斗拱。墩接糟朽柱根，补配包镶板。更换糟朽的连檐、瓦口、椽子、望板、扶脊木、山花板、博缝板、脊桩。更换帽梁上铁质吊杆，更换糟朽严重的角梁。所有木材做防虫、防腐、防火处理。外檐加做防鸟铜网。

（3）屋面：揭除屋面至大木梁架，恢复五样黄琉璃瓦歇山屋面，重做苫背，恢复锡背防水做法，重调正脊、垂脊、戗脊、博脊。更换残损严重的瓦件、脊件，补配缺失的琉璃构件，掉釉瓦件继续使用，瓦件掉釉处刷憎水剂。

（4）墙体：拆除檐部后做两次间槛墙。铲除后做暖气及暖气罩，按原制恢复两山墙及后檐墙琉璃砖下碱，封堵后檐墙后开启窗洞后，恢复包金土室内墙体上身。铲除西山墙上身红土浆空鼓抹灰，重抹靠骨灰，刷红色浆料，更换方砖签尖；铲除现有廊心墙上身水泥抹面至砖层，重抹靠骨灰，恢复包金土上身，墙边大青界拉红、白线墙边彩绘。添配、粘修破损与缺失的龟背锦琉璃下碱。

（5）装修：拆除现有明间木隔扇门及两次间后做隔扇窗，保留现存三交六椀菱花样式横披窗；恢复金步装修，恢复隔扇门、三交六椀菱花棂条、框线贴金、面叶板贴金样式装修。拨正拔榫天花支条，拆除并更换糟朽枝条与天花板。

（6）油饰彩画：外檐砍至木基层，按内檐彩画形制恢复。铲除室内后廊上架后做仿金龙和玺彩画部分，按照原形制，恢复金龙和玺彩画，斗拱重做金琢墨彩画。

图G2-5-439 绵禧殿修缮后

图G2-5-440 台明保护（左）

图G2-5-441 搭脚手架（右）

图G2-5-442 拆卸屋面瓦
（左）

图G2-5-443 拆卸苫背（右）

图G2-5-444 铺设苫布（左）

图G2-5-445 摆放拆卸梁架
（右）

图G2-5-446 更换挑尖梁
（左）

图G2-5-447 加固梁架（右）

图G2-5-448 拆卸斗拱（左）

图G2-5-449 拆卸梁架（右）

图G2-5-450 拆卸檩枋（左）

图G2-5-451 制安挑尖梁
（右）

图G2-5-452 制安盖斗板
（左）

图G2-5-453 铺钉椽子（右）

图G2-5-454 铺钉望板（左）

图G2-5-455 捉缝灰（右）

图G2-5-456 苫护板灰（左）

图G2-5-457 铺锡背（右）

图G2-5-458 苫灰背（左）

图G2-5-459 压麻（右）

图G2-5-460 晾灰背（左）

图G2-5-461 冲垄（右）

图G2-5-462 宽瓦（左）

图G2-5-463 调脊（右）

图G2-5-464 宽瓦后（左）

图G2-5-465 墩接柱根（右）

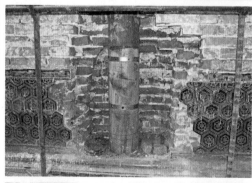

图G2-5-466 铁箍加固（左）

图G2-5-467 剔除糟朽（右）

图G2-5-468 包镶柱子（左）

图G2-5-469 重砌墙体（右）

图G2-5-470 捉缝灰（左）

图G2-5-471 批麻（右）

图G2-5-472 细灰（左）

图G2-5-473 沥粉（右）

图G2-5-474 刷大色（左）

图G2-5-475 包金胶（右）

图G2-5-476 撕金（左）

图G2-5-477 山花贴金（右）

图G2-5-478 重砌山墙（左）

图G2-5-479 细墁地砖（右）

十四、东值房

自2016年5月东值房处搭设脚手架开始，至2017年9月油饰结束，工程历时17个月。修缮后如图G2-5-480所示。

本工程修缮性质为重点修复，落架大修，施工过程如图G2-5-481～图G2-5-515所示。

（1）台明及地面：铲除前后檐阶条石上水泥抹面，铲除破损严重的条石，按原规全部添配前后檐阶条石，按传统全部恢复大城砖褥子面散水。铲除室内釉面砖地面，重做灰土垫层，抬高地坪与台明齐平，按原制用尺七方砖（500mm×500mm）砍制方砖地面后，钻生桐油。铲除被后代人为损毁的柱顶石，按原制添配全部柱顶石。所有石材物理清洗，修补后加封护剂。

（2）大木构件：屋面落架后，更换墙内糟朽严重的柱子，更换其他糟朽木构件，梁架整体归安加固，楦补、铁箍加固梁、檩、枋等木构件，更换糟朽的连檐、瓦口、椽子、望板。所有

木材做防虫、防腐、防火处理。

（3）屋面：揭除屋面至大木梁架，恢复六样黄琉璃瓦硬山屋面，重做苫背，恢复锡背防水做法，重调正脊、垂脊。更换残损严重的瓦件、脊件，补配缺失的琉璃构件，掉釉瓦件继续使用，瓦件掉釉处刷憎水剂。

（4）墙体：拆砌两山墙，上身抹靠骨红灰刷红土浆，恢复二城样干摆十字缝下碱，添配透风砖；后檐墙上身重抹靠骨红灰刷红土浆，择砌下碱，恢复二城样干摆十字缝下碱，拆除后做槛墙，按传统做法恢复前檐槛墙及装修。

（5）装修：拆除后做木框玻璃门、窗，按传统样式恢复支摘窗、隔扇门，拆除室内后做轻钢龙骨石膏板吊顶，恢复一平两切海墁天花吊顶。

（6）油饰彩画：重做雅伍墨旋子彩画，所有下架柱框恢复一麻五灰地仗，调整吊顶高度后，露明上架部分恢复一麻五灰地仗。下架红色油饰。

图G2-5-480 东值房修缮后

图G2-5-481 拆卸瓦件（左）

图G2-5-482 拆除苫背（右）

图G2-5-483 拆除望板（左）

图G2-5-484 揭除飞椽（右）

图G2-5-485 拆除椽子（左）

图G2-5-486 拆卸大木（右）

图G2-5-487 摆安柱顶石
（左）

图G2-5-488 架设柱子（右）

图G2-5-489 安装梁枋（左）

图G2-5-490 安装檩枋（右）

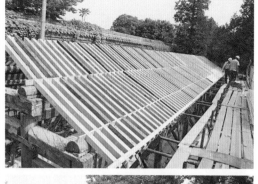

图G2-5-491 制安椽子（左）

图G2-5-492 铺钉望板（右）

图G2-5-493 刷防腐（左）

图G2-5-494 苫护板灰（右）

图G2-5-495 铺锡背（左）

图G2-5-496 铺麻（右）

图G2-5-497 苫灰背（左）

图G2-5-498 宽瓦（右）

图G2-5-499 清垄（左）

图G2-5-500 铺钉望板（右）

图G2-5-501 墙体灌浆（左）

图G2-5-502 墁地面（右）

图G2-5-503 制安门窗框
（左）

图G2-5-504 除虫熏蒸（右）

图G2-5-505 归安阶条石
（左）

图G2-5-506 糙砌墙体（右）

图G2-5-507 制安门框（左）

图G2-5-508 恢复门窗（右）

图G2-5-509 制安门窗扇
（左）

图G2-5-510 捉缝灰（右）

155

图G2-5-511 磨细灰

图G2-5-512 刷生油

图G2-5-513 刷大色

图G2-5-514 下架油饰

图G2-5-515 重做白堂篦子

十五、西值房

自2016年5月西值房处搭设脚手架开始，至2017年9月油饰结束，工程历时17个月。修缮后如图G2-5-516所示。

本工程修缮性质为重点修复，落架大修，施工修缮过程如图G2-5-517～图G2-5-542。

（1）台明及地面：铲除前后檐阶条石上水泥抹面，铲除破损严重的阶条石，按原规全部添配前后檐阶条石，按传统全部恢复大城砖褥子面散水。铲除室内釉面砖地面，重做灰土垫层，抬高地坪与台明齐平，按原制用尺七方砖（500mm×500mm）砍制方砖地面后，钻生桐油。铲除被后代人为损毁的柱顶石，按原制添配全部柱顶石。所有石材物理清洗，修补后加封护剂。

（2）大木构件：屋面落架后，更换墙内糟朽严重的柱子，更换其他糟朽木构件，梁架整体归安加固，楦补、铁箍加固梁、檩、枋等木构件，更换糟朽的连檐、瓦口、椽子、望板。所有木材做防虫、防腐、防火处理。

（3）屋面：揭除屋面至大木梁架，恢复六样黄琉璃瓦硬山屋面，重做苫背，恢复锡背防水做法，重调正脊、垂脊。更换残损严重的瓦件、脊件，补配缺失的琉璃构件，掉釉瓦件继续使用，瓦件掉釉处刷憎水剂。

（4）墙体：拆砌两山墙上身抹靠骨红灰刷红土浆，恢复二城样干摆十字缝下碱，添配透风砖；后檐墙上身重抹靠骨红灰刷红土浆，择砌下碱，恢复二城样干摆十字缝下碱，拆除后做槛墙，按传统做法恢复前檐槛墙及装修。

（5）装修：拆除后做木框玻璃门、窗，按传统样式恢复支摘窗、隔扇门，拆除室内后做轻钢龙骨石膏板吊顶，恢复一平两切海墁天花吊顶。

（6）油饰彩画：重做雅伍墨旋子彩画，所有下架柱框恢复一麻五灰地仗，调整吊顶高度后，露明上架部分恢复一麻五灰地仗。下架红色油饰。

图G2-5-516 西值房修缮后

图G2-5-517 拆卸大木（左）

图G2-5-518 大木落架（右）

图G2-5-519 拆除墙体（左）

图G2-5-520 重做灰土（右）

图G2-5-521 支搭脚手架
（左）

图G2-5-522 支搭大木（右）

图G2-5-523 支搭大木（左）

图G2-5-524 铺钉椽子（右）

图G2-5-525 铺钉望板（左）

图G2-5-526 捉缝灰（右）

图G2-5-527 刷防腐（左）

图G2-5-528 苫泥灰背（右）

图G2-5-529 铺麻（左）

图G2-5-530 铺锡背（右）

图G2-5-531 铺锡背（左）

图G2-5-532 苫灰背（右）

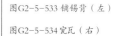

图G2-5-533 铺锡背（左）

图G2-5-534 宽瓦（右）

图G2-5-535 归安脊件（左）

图G2-5-536 重砌槛墙（右）

图G2-5-537 重铺地面（左）

图G2-5-538 安装门窗（右）

图G2-5-539 重做地仗（左）

图G2-5-540 重做内檐油饰和白堂篦子（右）

图G2-5-541 重做外檐油饰（左）

图G2-5-542 山墙重新罩面（右）

十六、宫墙及随墙门

自2016年11月搭设脚手架开始，至2017年9月油饰结束，工程历时11个月。修缮后如图G2-5-543～图G2-5-545所示。

本工程修缮性质为现状整修，施工过程如图G2-5-546～图G2-5-565所示。

（1）台明及地面：粘补残损的须弥座、阶条石等石构件。揭除水泥方砖和灰土垫层，降低地坪，恢复大城样褥子面散水与垫层（300mm厚三七灰土）。所有石材物理清洗，修补后加封护剂。

（2）琉璃构件：东西角门更换严重破损角梁，补配、粘修、归安板椽、檩、套兽、斗拱、雀替等琉璃构件，物理清洗拆洗下的琉璃构件，小麻刀灰打点勾缝，黄琉璃用红麻刀灰，绿琉璃用深月白麻刀灰。

（3）屋面：随墙门屋面揭除至望砖层，重做灰背，恢复七样黄琉璃瓦庑殿屋面，添配、更换、修补断裂、破碎或者酥碱严重的瓦件、脊件。掉釉瓦件继续使用，瓦件掉釉处刷憎水剂。

（4）墙体：物理清洗青白石须弥座，粘补破损部位，油灰勾缝，刷封护剂。铲除上身靠骨灰，重做靠骨红灰刷红色浆料。下碱剔补酥碱大城样砖，恢复干摆下碱。冰盘檐打点勾缝。

（5）装修：拆安、整修、加固门扇，归安加固抱框，补做下槛，补配红木杠和其他五金饰件，现有五金面层做镀铜处理。所有木构件做防虫、防腐、防火处理。

（6）油饰彩画：随墙门斩砍见木，抱框、下槛、门扇使灰七道满麻二道布一道。

图G2-5-543 东南随墙门修缮后（左）

图G2-5-544 内宫墙东随墙门修缮后（右）

图G2-5-545 琉璃门修缮后

图G2-5-546 搭脚手架（左）

图G2-5-547 拆除墙面和屋面（右）

图G2-5-548 拆卸琉璃件（左）

图G2-5-549 拆除屋面（右）

图G2-5-550 拆除苫背（左）

图G2-5-551 铲除墙面抹灰（右）

图G2-5-552 钉麻揪（左）

图G2-5-553 抹底灰（右）

图G2-5-554 抹红灰（左）

图G2-5-555 刷红土浆（右）

图G2-5-556 剔补下碱（左）

图G2-5-557 剔补下碱（右）

图G2-5-558 宽瓦（左）

图G2-5-559 宽瓦（右）

图G2-5-560 安吻兽（左）

图G2-5-561 斩砍油饰（右）

图G2-5-562 斩砍见木（左）

图G2-5-563 捉缝灰（右）

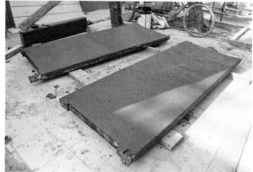

图G2-5-564 门扇做地仗
（左）

图G2-5-565 做地仗（右）

十七、御路与院落铺地

自2017年3月揭除地面铺砖开始，至2017年11月铺墁结束，工程历时9个月。修缮后如图G2-5-566～图G2-5-570所示。

本工程修缮性质为现状整修，施工过程如图G2-5-571～图G2-5-590所示。

（1）御路：拆除外院喷水池及水泥方砖，恢复青白石御路、条石、大城砖平牙子。细墁大城砖斜柳叶散水，恢复三七灰土垫层。内院青白石御路揭除后重新按照中路位置铺墁，恢复灰土垫层。粘补破损青白石，油灰勾缝。所有石材物理清理，修补后刷封护剂。

（2）海墁：拆除现有有碍文物和海墁铺装的临建，揭除水泥方砖，清理垫层，重做三七灰土垫层，大城砖纵向海墁。

图G2-5-566 海墁修缮后
（左）

图G2-5-567 海墁修缮后
（右）

图G2-5-568 海墁修缮后
（左）

图G2-5-569 御路修缮后
（右）

图G2-5-570 御路修缮后
（下）

图 G2-5-571 归安御路（左）

图 G2-5-572 调平御路（右）

图 G2-5-573 铺墁牙子（左）

图 G2-5-574 调整御路石
（右）

图 G2-5-575 调整御路石
（左）

图 G2-5-576 清理灰土（右）

图 G2-5-577 夯实灰土（左）

图 G2-5-578 重做灰土（右）

图 G2-5-579 铺样趄（左）

图 G2-5-580 铺样趄（右）

图G2-5-581 糙墁大城砖（左）

图G2-5-582 灌浆（右）

图G2-5-583 调换御路石（左）

图G2-5-584 青白石牙子找平（右）

图G2-5-585 油灰勾缝（左）

图G2-5-586 大城砖海墁（右）

图G2-5-587 御路修后（左）

图G2-5-588 砖砌树池（右）

图G2-5-589 木板铺墁树池（左）

图G2-5-590 木板刷桐油（右）

附录：景山寿皇殿修缮工程技术人员名单

建设方项目组组织框架

项目负责人：宋恺

基建科联络人：张品水

安全、材料负责人：都艳辉

技术负责人：邹雯

工程技术员：王婧

现场管理员：李宇

联合检查组：郭睿、陈艳红、王旭、律琳琳、王爽、刘翠星、刘仲赫、张毅华

设计方项目部组织框架

项目负责人：肖辉

建筑专业负责人：李迪

设计人：李迪、赵慧、张晓波、姚岚、窦宗娴、柳怡、易莹

监理方项目部组织框架

总监理工程师：李明

总监理工程师代表：吴纯辉

瓦作监理人员：吴纯辉

木作监理人员：万永海

油作监理人员：刘铁军

彩画监理人员：高连芳

安全生产领导小组

组长：冯志学

副组长：刘秀武、李伟

义务消防负责人、瓦作工长：韩栓银

抢险负责人、木作工长：陈利宝

油作工长、画作工长：方宇

事故调查负责人、安全员：张雷

报警负责人、资料员：董亚平

抢救负责人：宋庆友

质检员：刘俊成

材料员：董波

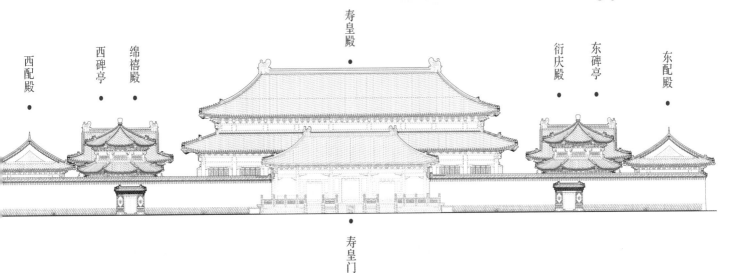

科技篇　Technology

西配殿 ·　西碑亭 ·　绵禧殿 ·　寿皇殿　衍庆殿 ·　东碑亭 ·　东配殿 ·

· 寿皇门

第一章　青铜文物的保护修复

Chapter 1 Protection and Restoration of Bronze Cultural Relics

景山青铜文物共8件，主要包括：铜鼎炉4件、铜鹤2件、铜鹿2件，均位于寿皇殿大殿月台上。由于年代久远，这批文物因经费及技术力量不足等问题，在大修前从未采取过任何保护修复措施。现大部分青铜文物已经出现残缺、表面硬化等病害，并且有进一步恶化的趋势，迫切需要修复保护处理。

There are 8 bronze cultural relics in Jingshan, including 4 bronze furnaces, 2 bronze cranes and 2 bronze deer, all of which are located on the platform of the Pavilion of Imperial Longevity. Due to the long history, the cultural relics have never taken any protection and restoration measures before the overhaul because of the lack of funds and technical strength. At present, most of bronze cultural relics have been damaged, surface hardened and other diseases, and there is a trend of further deterioration, so it is urgent to repair and protect them.

第一章　青铜文物的保护修复

执笔人：马菁毓　张凤梧　周悦煌

第一节　背景与现状调查

景山青铜文物共8件，主要包括铜鼎炉4件、铜鹤2件、铜鹿2件，均位于寿皇殿大殿月台上。经现场查看，目前这些青铜器主要病害是残缺和表面硬结物。

其中一种硬结物经过检测分析是铅的腐蚀产物，经过1个月的观察，这种硬结物有增加的趋势，说明腐蚀还在不断发生，文物处于不稳定状态。铜鹤和铜鹿还存在局部部件缺失的情况，使得文物内有水等污染物，这也是一种不稳定状态。亟待保护处理。

一、保存状态具体分析

之前因经费及技术力量不足等原因，这批文物大部分从未采取过任何保护修复措施。现大部分金属文物出现了相似的病害，并且有进一步恶化的趋势，迫切需要修复保护处理。

景山青铜文物主要病害有以下几方面。

1. 残缺

铜鹿表面（如背部、腿部、头部）有局部缺失（图K1-1-1），铜鹤上喙背部有小块缺失（图K1-1-2）。

2. 孔洞

西侧铜鹤表面羽毛存在大面积孔洞（图K1-1-3），西侧铜鹿脖颈（图K1-1-4）、前腿有孔洞。

3. 点腐蚀

东侧铜鹤脖颈到腹部有少量点腐蚀（图K1-1-5），西侧铜鹿耳朵有点腐蚀（图K1-1-6）。

4. 变形

铜鼎炉炉身与炉盖边缘变形严重（图K1-1-7），西侧铜鹿因腿部残损导致变形（图K1-1-8）。

5. 可溶盐腐蚀产物

可溶盐腐蚀主要集中于西侧铜鹤（图K1-1-9）和铜鼎炉炉身（图K1-1-10）。

6. 表面硬结物

西侧铜鹤背部羽毛处、东侧铜鹿头部有少量硬结物（图K1-1-11），铜鼎炉炉身、炉盖硬结物较多（图K1-1-12）。

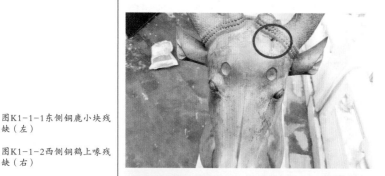

图K1-1-1东侧铜鹿小块残缺（左）

图K1-1-2西侧铜鹤上喙残缺（右）

图K1-1-3西侧铜鹤大面积孔洞（左）

图K1-1-4西侧铜鹿脖颈孔洞（右）

图K1-1-5 东侧铜鹤脖颈少量点腐蚀（左）

图K1-1-6 西侧铜鹿耳朵有点腐蚀（右）

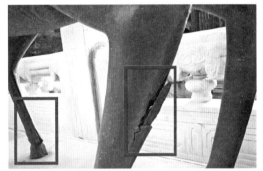

图K1-1-7 铜鼎炉盖边缘变形（左）

图K1-1-8 西侧铜鹿腿部有残缺变形（右）

图K1-1-9 西侧铜鹤有可溶盐腐蚀（左）

图K1-1-10 东侧铜鼎炉有可溶盐腐蚀（右）

图K1-1-11 东侧铜鹿头部有少量硬结物（左）

图K1-1-12 西侧铜鼎炉有少量硬结物（右）

二、病害种类统计调查

青铜文物主要病害类型如下所述。

1. 残缺

这种残缺主要是因物理或化学作用导致的基体缺失。

2. 沉积物

沉积物是含有土和杂质的混合物，经常在器物表面上产生，与表面垂直，向上发展。在器物表面形成致密的与表面平行的沉淀物。沉积物中经常带有多种可溶盐，在含氯盐较多的情况下存在安全隐患，应该尽量去除。

3. 硬结物

合金同外部环境发生作用，其表面形成一个异质层。硬结物是青铜器不可缺少的一部分，是环境变化过程中出现的沉淀，是历史档案。在修复文物时，致密的锈蚀层应予保留，而只去除疏松的锈蚀产物。

4. 点腐蚀

在点或孔穴类的小面积上的腐蚀叫点腐蚀。这是一种高度局部的腐蚀形态，孔有大有小，一般孔表面直径等于或小于它的深度，小而深的孔可能使金属穿孔。点腐蚀危害较大。

景山青铜文物病害统计见表1-1所示。

表1-1 景山青铜文物病害统计

	残缺	变形	孔洞	表面硬结物	点腐蚀	其他污染物	含氯腐蚀产物	可溶盐腐蚀产物
合计（个）	4	4	2	5	2	7	2	8
所占比例	50%	50%	25%	62.5%	25%	87.5%	25%	100%

第二节 检测分析

为了解这批青铜文物的腐蚀程度及病害原因，保护修复前依据现代检测分析方法，对青铜文物锈蚀程度、不同部位的锈蚀产物、基体成分等进行分析，为制订保护修复方案提供理论依据和数据支持。

一、检测分析的目的和意义

文物的检测分析主要目的是通过现代分析技术，了解文物的组织结构和材料组成，从而获取文物制作工艺等相关的历史信息；了解腐蚀物、沉积物的类型，从而对文物的腐蚀程度等做出评估，为设计保护方案、确定保护修复技术路线等提供依据。

二、获取样品

检测人员在东2铜鼎炉上获取白色粉末，进行检测分析。

三、扫描电子显微镜—能谱仪分析报告

样品的扫描电子显微镜分析能用来观察腐蚀产物的微观形貌。扫描电子显微镜从原理上讲，就是利用聚焦非常细的高能电子束在试样上扫描，激发出各种物理信息。通过对这些信息的接收、放大和显示成像，获得测试样表面形貌的观察结果。能谱仪（EDS）用来对材料微区成分元素种类与含量进行分析，它与扫描电子显微镜和透射电子显微镜配合使用。各种元素具有自己的X射线特征波长，特征波长的大小则取决于能级跃迁过程中释放出的特征能量ΔE，能谱仪就是利用不同元素X射线光子特征能量不同这一特点来进行成分分析的。

本试验使用型号为Hitachi S-3600N的扫描电子显微镜和型号为EDAX GENESIS 2000XMS的能谱仪进行检测分析。在50mm规格的样品台上粘贴一适当大小的导电胶，取适量样品平铺在导电胶上固定，将样品台高度调整为标准高度后放入样品室进行分析。

将样品室抽真空后加载电压20kV，将样品台与镜头距离调节至15mm，在仪器电脑显示器屏幕中找到样品后放大适当倍数，将所要观察的区域移动到视野中央，调节焦距使画面清晰，再调节亮度和对比度使画面明亮。将画面传输到能谱仪测试软件，并对选定的微区进行元素的定性和定量分析，保存检测分析结果。

四、检测结果与分析

图K1-2-1是在电子显微镜中放大300倍后观察到的图像，从扫描电子显微镜中能看到样品呈现明显的颗粒状。

EDS检测分析结果显示，检测的样品中主要含有铅、铜、钨（除碳、氧元素）三种，其中铅的含量大于90%，结合能谱图，铅的谱峰较高，可见该样品主要为铅的腐蚀产物，且含有少量铜的腐蚀产物。文物处于不稳定状态，需要进行保护处理，分析结果见表1-2、图K1-2-2。

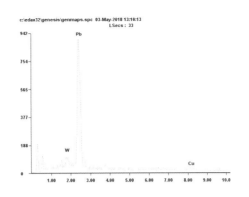

图K1-2-1 300倍扫描电子显微镜图像（左）

图K1-2-2 检测结果（右）

表1-2 能谱仪（EDS）分析结果

样品元素名称	铜	铅	钨
样品元素含量所占百分比	2.19%	93.15%	4.66%

第三节 保护修复

一、保护设计依据及原则

参照与青铜文物保护相关的法律法规、行业标准及文物保存现状，设计依据的文件如下：

①《中华人民共和国文物保护法》；

②《中华人民共和国文物保护法实施条例》；

③《中国文物古迹保护准则》；

④《馆藏金属文物保护修复方案编写规范》（中华人民共和国文物保护行业标准WW/T 0009-2007）；《馆藏青铜器病害与图示》（中华人民共和国文物保护行业标准WW/T 0004-2007）；《馆藏金属文物保护修复档案记录规范》（中华人民共和国文物保护行业标准WW/T 0010-2008）。

针对不同的损坏原因对青铜文物采取适合的保护处理方法，以达到长期稳定保存的目的。对于介入性材料有以下要求：具有可逆性或可再处理性，不含有害成分，抗生物侵害，不改变文物材质的化学性。介入材料应作为牺牲材料。非介入性材料应不与原材料反应，无残留。

在进行清洗、加固、缓蚀、封护等保护处理时，即使采取的方法和药剂已经经过试验或有前人经验证实是安全的，也需要先在局部做出试验块，进一步检验所使用方法的有效性和安全性，找到处理的程度标准。在修复的整个过程中，不断分析观察、修正自己的观点，再辅以科学检测分析的帮助。保障每个动作、处理行为的可靠性。在保证能去除病害的前提下，遵守最小干预的保护原则，实施最小干预的保护方法和技术。

二、拟解决的问题

首先根据金属文物的具体病害、保存现状等情况，制定出明确、可考核的保护修复技术路线。然后选取病害集中的地方作为试验块，进行保护材料与去锈效果现场试验。最后筛选出适合这批金属文物的保护材料和方法。

本保护修复项目需要进行的工作有：

① 含有害锈的室外大型青铜文物的保护处理方法；

② 室外大型青铜文物的缓蚀、钝化及拼接补全等；

③ 对青铜文物的保存条件提出要求。

三、材料筛选

1. 脱盐试验

首先将试验块分为上下两组，上为组1，下为组2；无酸纸分别泡入蒸馏水和2%钼酸盐溶液中成纸浆；纸浆裹在8件铁饼上，蒸馏水纸浆裹在组1试验块上，钼酸盐纸浆裹在组2试验块上；将裹上纸浆的试验块放置在户外通风处待干燥。室外放置3天后完成自然干燥。将纸浆从铁饼上剥落后，再用2A溶液将其表面清理干净。（图K1-3-1、图K1-3-2）

结论：3天的时间能达到彻底干燥；纸浆表面出现锈蚀痕迹，说明纸浆脱盐效果明显。

2. 缓蚀封护材料试验

在组1、组2试验块上涂抹B72溶液对其进行封护。等干燥后在组1上涂抹合成蜡，在组2上涂抹自制微晶蜡溶液。24小时后重复进行一次上述操作。局部放大后发现，经过处理，试样的颜色无明显变化，两种处理方法效果接近。（图K1-3-3、图K1-3-4）

结论：两种封护蜡封护效果接近。成品微晶蜡效果良好，附着性强且易涂抹均匀。自制微晶蜡易受环境温度影响，低温变稠不易均匀涂抹，遇热变稀流动性大，不易附着。

第四节 技术路线及操作步骤

一、保护修复材料筛选

根据青铜文物病害程度的不同，分别展开材料筛选工作。在不显眼的小范围试用后，再在文物上实施。材料筛选工作包括：清洗药剂及方法筛选试验，脱盐材料及工艺试验，加固材料及工艺试验，缓蚀钝化及表面封护筛选实验。

二、主要技术步骤流程

青铜文物的保护修复程序：文字记录、拍照制作保护修复卡片→预清洗和清洗→预加固和加固→拼接和粘接→补全和支撑→缓蚀处理→封护→长期保存方法建议（完成档案制作）。

第五节 保护修复步骤

保护修复应参照《馆藏金属文物保护修复档案记录规范》规定，填写包括文物基本信息和保护修复步骤的档案文本。档案采用文字记录和图片采集相结合的方式。

电化学腐蚀是造成青铜腐蚀的主要原因，处理过程中应充分考虑到环境对文物保存过程的影

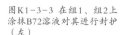

图K1-3-1 组1铁饼（左）

图K1-3-2 铁饼清理（右）

图K1-3-3 在组1、组2上涂抹B72溶液对其进行封护（左）

图K1-3-4 组2涂抹自制微晶蜡溶液（右）

响。基于此，此批青铜文物采用如下所述的保护修复步骤。

一、清洗

清洗是指使用物理或化学的方法去除文物上妨碍展示、研究或保存的附着物，如土垢、有机附着物和无机附着物。除锈通常指去除青铜文物上的疏松锈层。

景山青铜文物表面布满污垢及青铜锈，从显微镜分析结果中可以看到，青铜文物底层锈蚀较为致密，但表层锈蚀比较疏松，而且孔隙多、力学强度低，泥土多集中于该锈层中。金属的锈蚀物分为有害锈和无害锈。无害锈是指在器物表面形成的各种颜色的腐蚀膜，对金属本身并不会产生腐蚀破坏，保留这层锈蚀还会使器物显得古色古香。有害锈是指那些锈蚀比较疏松，不断对金属本身进行腐蚀的锈，有害锈必须清除。当然，有时无害锈覆盖了器物原有的纹饰、镶嵌、铭文，掩盖了重要的历史、艺术和科学信息，也应予以清除。保存较好的青铜文物也可用化学试剂或电化学方法进行清洗。图K1-5-1和图K1-5-2是铜鼎炉和铜鹿的病害图。

1. 选择清洗方法的依据

清洗时选择在隐蔽、病害信息量大的部位先做清洗试验块，以便能够找到最佳而有效的清洗方法。因为清洗是不可逆操作，千万不能盲目清洗。文物具有唯一性和不可再生性，所以一不小心就会对文物本身造成不可挽回的损失。在选择清洗方法时，一定要慎重。

2. 机械清洗法

机械清洗法主要采用手术刀、钢针牙刷等工具去除泥土和疏松锈蚀，根据青铜文物表面的污垢情况选用合适的用具（如根据锈蚀的情况选择软硬不同的微型钻头）。对黏结牢固的污垢和锈层则先用乙醇溶液软化，再用手术刀、毛刷进行挖剔和刷洗。对遮盖表面纹饰的致密锈蚀先用乙醇溶液局部浸泡，配合使用小型气动磨轮、微型

牙钻清除锈层，使器物表面精美的纹饰完全呈现出来。对结构疏松的锈蚀物采用乙醇溶液软化后用棉签、手术刀去除。较硬的钙质结垢和表面凹凸不平处用微型钻清洗，速度要慢，以免伤害器物。均匀而特别硬的沉积物考虑使用小型喷砂工具清理。

根据锈蚀物软硬度选用錾子、手术刀、微型钻、刻刀、牙刷等对文物表面层沉积物和锈蚀物进行清洗，辅以喷砂法。特别坚硬的地方先采用化学试剂软化再用机械方法清除。选用细硅粉颗粒的喷砂机可对外层膨胀锈蚀进行清洗。

3. 化学清洗

化学清洗前必须先进行试验，在试验方法可行且对文物破坏性小的前提下方可进行清洗。化学清洗包括浸泡、涂抹及敷布等操作方法。处理后，必须仔细清洗残留物并迅速进行深层脱水。

去除氧化铜斑痕用 5%的草酸溶液。

表面沉积的一层钙质沉积物，使器物看上去脏乎乎的，影响了器物的美观。常采用1% ～2%的六偏磷酸钠水溶液清洗。六偏磷酸钠在水中溶解形成正磷酸盐，对钙和各种金属都具有较好的螯合效果。清洗时为提高溶解性与渗透性，加快洗涤速度，可加入阴离子型表面活性剂（0.5%的十二烷基苯磺酸钠）。对于锈斑非常严重的青铜器物，采用酸性溶液法。主要试剂为10%的醋酸或15%～20%的柠檬酸。具体操作步骤是隔1～2天换新鲜溶液浸泡，注意观察，锈斑基本清除即停止浸泡，否则会腐蚀青铜器，后用5%的氢氧化钠中和，用蒸馏水彻底洗净。

4. 干燥

化学清洗过的青铜文物，须用蒸馏水多次浸泡或涂刷以去除残存在器物表面上的药液残留，随后进行干燥。清洗后的青铜器须进行脱水处理，大件青铜器用涂刷法脱水，或者将器物置于红外灯或烘箱之中（60～80℃），20～30分钟左右为宜。较为大型的器物，可采用热风枪处理，烘干温度为100～120℃，烘干时间依器物保存状

图K1-5-1 铜鼎炉病害图

图K1-5-2 铜鹿病害图

况而定。

二、去除有害锈

检测分析表面的白色粉末，发现是铅的腐蚀产物，显示出腐蚀正在发生。用纸浆干燥的方法从内部去除有害物质。

脱盐结束后的文物，用去离子水反复清洗后，大件青铜器用鼓风机或红外灯充分干燥。

三、缓蚀封护

缓蚀：用以隔绝空气中的氧气、水以及氯气等有害气体，阻止青铜器本体内部的继续腐蚀，减缓腐蚀的发展进程，消除有害因子，使青铜器稳定下来。

结合文献资料并根据这批青铜文物的腐蚀特点，我们采用BTA（苯骈三氮唑）封闭法。BTA是目前国内外用于青铜器缓蚀最常见的保护试剂，它不仅安全而且对青铜器（没有"粉状锈"）保护比较有效。具体操作步骤如下所述。

使用1.5%BTA乙醇溶液，用毛刷均匀涂在器物的内外表面，涂刷前先将器物预热到60℃左右以加速反应。24小时后反应完成，将多余的结晶去除。再涂刷1.5%的Paraloid B72乙酸乙酯溶液在器物的表面。应注意，BTA有较大毒性，操作时应在通风橱下进行，操作者应戴防毒面具及手套。

根据本批青铜文物的腐蚀特点，结合文献资料及实践保护经验，可供筛选的封护剂有：丙烯酸树脂Paraloid B72或B44等，丙烯酸共聚物类树脂与BTA的混合物，微晶蜡及其复合产品。在室外环境下，保护处理后需先用2%～3%丙烯酸树脂Paraloid B72封护，然后用微晶蜡复合产品再做一遍封护。结合北方天气特征，拟用3层封护材料。

四、补全

补全视青铜器的残缺程度而定，从结构稳定性和美学方面进行充分考虑。

补全材料必须具有可逆性、可识别性和兼容性。采用3D打印技术补全缺失的部分。保证最小

干预，做到可持续处理。

第六节　保存建议

关于金属文物保护修复后的保存条件，依据《博物馆藏品管理办法》《博物馆藏品保存环境试行规范》《文物行业标准管理办法》等标准或规范化文件执行。

注意事项如下所述。

应保持环境的干净整洁，消防器材配备完善，并定期检查，保持适当的温湿度，通风良好，了解各种废弃物品的放置位置，并按规定处理废弃物品。

金属文物的保存环境是保护修复之后是否会再次发生锈蚀的决定因素，也是防止长期保存过程中再次发生锈蚀的主要控制因素。环境因素包括湿度、温度、光辐射、空气污染物和生物病菌等。任何含有有害物质的设备装置和场所，都会对文物产生不同程度的直接或间接的损害污染。

金属文物的腐蚀往往来自周围环境的改变，当文物处于一种相对稳定的环境中并与周围环境建立了一种平衡关系时，一旦打破这种平衡关系就会引起病变（温湿度的增加或减少）。因此，文物需要保存在相对稳定的环境中，如密封的库房、有机玻璃箱或RP文物保护专用袋，并防止日光照射和空气的污染。

文物的保护与修复，即便采取最小干预的原则，但也是对文物进行了干预，或多或少地会给文物带来一定的伤害。对文物进行修复，只是一种没有办法的办法。最好的修复是能够抑制病变的发生。因此，定期观察和日常监控是抑制病害发生的有效手段。尽量做到及时发现问题并及时解决问题。

由于文物体量大，北方昼夜温差和冬夏温差大，保护材料老化速度快，应该每年都对文物进行定期保养和维护。

第七节 文物修复

按照修复方案依次对各青铜文物进行现场清洗、加固、拼接、局部补全，去除原有锈蚀痕迹，加以封护保存。修复情况如图K1-7-1～图K1-7-11所示。

图K1-7-1 专家查看

图K1-7-2 铜鼎炉拆卸（左）

图K1-7-3 拆卸铜鼎炉炉盖（右）

图K1-7-4 对炉身进行去锈清洗（左）

图K1-7-5 对炉身进行修复（右）

图K1-7-6 对铜鹤喙进行修复（左）

图K1-7-7 对铜鹤进行清洗（右）

图K1-7-8 对铜鼎炉进行清洗（左）

图K1-7-9 对铜鼎炉进行封护保存（右）

图K1-7-10 铜鹤修复后

图K1-7-11 铜鹿修复后

科技篇 Technology

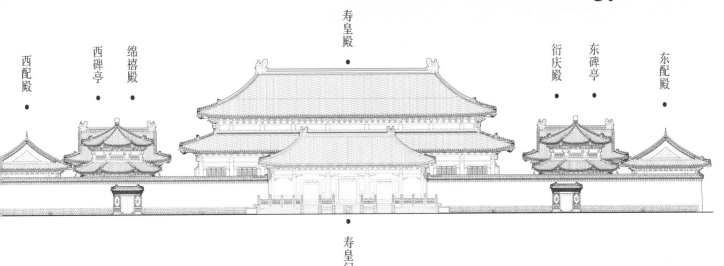

寿皇殿

西配殿 • 西碑亭 绵禧殿 东碑亭 衍庆殿 东配殿

寿皇门

第二章 石质文物的表面清洗

Chapter 2 Surface Cleaning of Stone Cultural Relics

　　景山进行统一保存的石质文物共八十余件，但因年代久远，以及经费及技术力量不足等问题，在大修前仅对这批文物采取了最基本的围挡等保护措施。现大部分石质文物表面存在生物病害、表面污染与变色，需要及时修复保护。本次清洗主要针对寿皇殿组群内的石质文物展开。

　　There are more than 80 pieces of stone cultural relics preserved in Jingshan. However,due to the long history,these cultural relics were only protected by the minimum basic enclosure measures before the overhaul because of the lack of funds and technologies. At present, most of the stone cultural relics have biological diseases, surface pollution and discoloration, which need to be repaired and protected in time. This cleaning work is mainly aimed at the stone cultural relics in the Pavilion of Imperial Longevity complex.

第二章 石质文物的表面清洗

执笔人：邵明申 张凤梧 周悦煌

第一节 病害调查及机理分析

一、病害调查依据

根据《石质文物病害分类与图示》，石质文物的表面污染可以划分为两大类：一是文物表面污染与变色，二是文物表面的生物病害。

表面污染与变色是指石质文物表面由于灰尘、污染物和风化产物的沉积而导致的石质文物表面污染和变色现象。这类病害常见的表现形式有以下几种。

（1）大气及粉尘污染：露天存放的石刻表面通常蒙有大量灰尘及风化产物。

（2）水锈结壳：石质文物露天存放或曾经露天存放，石刻表面形成一层结壳（多为钙质），这在露天存放的石灰岩类文物上极为常见。石灰岩凝华也包括在这类病害之中。

（3）人为污染：指人为涂鸦、书写及烟熏等造成的石质文物污染现象。同时，由保护引起的变色与污染（例如采用铁箍、铁质扒钉等加固断裂部位和不正当涂刷引起的表面变色）也归入该类病害。

文物表面生物病害指石质文物因生物或微生物在其表面生长繁衍而导致的各类病害。常见的生物病害分为植物病害、动物病害及微生物病害三大类型，分述如下。

（1）植物病害：树木、杂草生长于石质文物裂缝中，通过生长根劈作用破坏石材，导致石质文物开裂。

（2）动物病害：昆虫、鼠类等在石质文物表面、空鼓及其裂隙部位筑巢、繁衍，其排泄物和分泌物污染或侵蚀石刻文物。

（3）微生物病害：微生物菌群在石质文物表面及其裂隙中繁衍生长，导致石质文物表面变色及表层风化。

图K2-1-1 拍摄石碑病害显微照片

二、病害调查及取样分析

对文物本体体量（长、宽、高）等基本数据进行测量并归档。现场对每处文物点进行病害调查，并对各种类型病害进行归类并统计其病害面积，同时对典型病害发育部位进行拍照（图K2-1-1）留存。根据现场调查结果绘制文物本体病害图。选取具有代表性的病害区域进行取样（图K2-1-2），取样工具和方法取决于病害发育的种类和特点，根据不同情况，使用手术刀、镊子、小钳子和无菌软刷等工具。如表面粉尘堆积，用过毛刷轻轻扫入自封袋内；水锈结壳，对于易碎的薄片，在最易断裂的边缘，用手术刀撬起后提取，以便获得完整的片状物；对于坚硬的外壳，可用手术刀刮取，再从粉末中提取样品；对于外壳和碎片下的粉末，可用手术刀直接提取；墨迹，可直接用无菌棉签蘸取，封入自封袋中，等等。取样时应尽量避免尖锐工具直接接触文物表面，对其造成不可逆的划伤、刻伤，选择一次性无菌自封袋或密封样品管进行装样，随后立即将装样袋或装样管封闭，以免过多杂质混入样品中扰乱试验准确性，并做好拍照、记录等工作。

试验室内使用扫描电子显微镜—能谱分析仪（SEM-EDS）、傅里叶变换红外光谱仪（FT/IR）、X射线衍射仪（XRD）、激光诱导击穿光

谱仪（LIBS）、光学显微镜（OM）等分析检测仪器设备对所取样品进行检测分析工作，测得样品所含物质成分，为清洗试验提供精确的数据支撑。

图K2-1-2 现场取样

三、景山公园石质文物主要病害类型

通过对景山公园石质文物进行详细调查后发现，园内石质文物主要病害为：表面黑色结壳、粉尘堆积、水锈结壳、人为刻画、铁锈、油漆、墨迹、微生物病害等，其中以寿皇殿东西侧碑亭围栏处黑色结壳、水锈结壳，东西侧赑屃人为刻画污染、油漆污染最为严重，在全部病害中所占比例较大。景山公园石质文物多处于露天或半露天状态，受自然因素或人类活动因素的影响，极易产生石质表面变色与污染现象，这些表面污染物不仅会遮蔽石质文物表面的精美纹饰与造型，影响文物的艺术价值与观赏性，在一定程度上还会促使文物本体结构发生变化，加剧石质文物病害的发育与岩石材料的劣化，对文物本体造成不可估量的损失。

1. 表面黑色结壳

针对石质文物的表面结壳病害，李宏松进行了深入研究。他认为，结壳是外界物质在石材表面形成壳层的现象。这种现象发生在石质文物表面，其本身对岩石材料的完整性和力学强度影响不大，但是由于会大面积覆盖石刻表面，所以会影响文物的价值体现和观赏性。这一劣化类型目前在石质文物保护领域的英语术语中被注释为crust。该类现象首次被界定是在1980年意大利Normal委员会编制的《石材的可视性病害：术语》中。后来在德国亚琛科技大学地质学院石质文物风化分类研究科研组开展的风化形态分类研究中，该现象也被作为主要类型列入。国际古迹遗址理事会石质学术委员会推荐的岩石劣化现象术语表，对这类现象也有明确的界定。在该术语表中，对结壳的描述通常是岩石表面物质长期稳定积累的结果；结壳可能包括外来沉积物质与原

岩结合的产物；结壳经常是暗黑色的，但还可以发现浅色的；结壳可能具有相同的厚度，因此这种情况下它可复制岩石的表面，但是如果厚度不规则、不统一，就会扰乱观众对岩石表面造型细节信息的读取。值得一提的是，该劣化类型大多发生在碳酸盐岩文物岩石材料的表面，如石灰岩、大理岩。

在景山公园，此类病害主要集中在寿皇殿东西两侧碑亭围栏处、寿皇殿月台及围栏处，多为顽固性黑色结壳，质密坚硬。分布于围栏柱头内侧（图K2-1-3）、围栏部分及台基螭首下部（图K2-1-4），病害发育部位多为雨水不易冲刷到的较隐蔽部位，外侧围栏处于雨水可冲刷部位，而内侧围栏因雨水无法冲刷而形成黑色结壳。

图K2-1-3 柱头黑色结壳取样

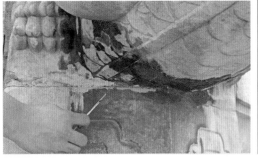

图K2-1-4 螭首下部黑色结壳取样

对黑色结壳样品进行的热失重分析结果（见图K2-1-5）表明：当温度加热到175℃时出现第一个放热峰，此峰对应为二水硫酸钙的失水过程；当温度加热到800℃时出现第二个放热峰，此峰对应为碳酸钙的分解；当温度加热到1300℃时，出现第三个放热峰，此峰对应为硫酸钙的分解。有机物的分解温度一般为200～300℃，而此次试验过程中，当样品加热至200～300℃区间时，并未记录到放热峰的产生。通过热失重分析测试可以得出结论：该样品中含有二水硫酸钙与碳酸钙，并不含有有机类物质。

经过对现场样品的激光拉曼检测分析（见图K2-1-6），结果表明黑色结壳质的主要成分为二水硫酸钙及少量氧化铁，还检测出少量白云石（应为未剥离开的汉白玉石材颗粒）存在。

在有大气污染的城市环境中，任何石质文物的表面都不可避免地被覆盖上一层沉积物，它们或紧密或疏松地黏结在石材的表面，由灰色或黑色的物质构成。这些沉积物主要分布在雨水无法淋到或冲刷到的区域，形态为薄而均匀的薄膜（0.5～3mm）。它们覆盖在石质文物表面，保持着文物原有形态。但如果硬壳位于完全不被雨淋的浮雕或其他区域，其形态便不规则，呈树枝状或不规则块状。这种形态是与石质病变有关的，可能绝大多数表现为鳞片状脱落、分层脱落和膨胀、空鼓等形式。这些沉积物一般都暴露在流动的空气中，沉积物的厚度也不一样，形态各异，有的是结构疏松的尘埃沉积层，有的结构不太紧密，但与底层的沉积层黏结牢固。随着时间的流逝，黑色结壳会逐渐变厚变硬，孔隙率变小，结构愈加致密，加剧它与石质文物间的机械作用和热力学破坏作用。

此过程往往伴随石质文物的风化与病变，而新暴露的石质表面又开始形成新的硬壳层，并循环往复。黑色结壳引起石质病变的主要原因在于其含有大量的石膏。石膏在水中的可溶解性相当强（20℃时为2.4g/L，温度升高时可溶解性下降），因此当温度变化时，它会积极地参与溶解—结晶的循环过程，甚至在石质相当深的孔隙中进行。石质表面的石膏有两种来源，一种是在空气中形成，以悬浮颗粒或者盐的形式到达石质的表面；另一种是在石质与空气接触的表面，由于碳酸钙和硫酸发生反应而生成。在这种情况下，不仅结晶—溶解的侵蚀机理在起作用，含硫化合物酸性侵蚀导致的化学腐蚀效应也在起作用。但总的来说，促使石膏形成的是大气污染物中的含硫化合物。我们可以得出这样的结论，即石质的病变过程常常带有很强的季节性，主要发生在冬季，这个结论很重要，它为我们提供了这样的思路：在冬季对那些存在严重病变，但尚未实施保护的石质文物应采取临时的保护措施。

按照这种思路采取的应季防污染保护措施取得了很好的效果，成功地减缓了石质病变的恶化。至此我们清楚地了解到，在已存在黑色结壳的地方含有大量使二氧化硫氧化的催化物质，于是不断形成新的硫酸和石膏，速度也越来越快。黑色结壳变成石膏基体，不断向其下的多孔隙石材提供更多的石膏，石膏便不断地向石材深处侵入。因此，可以得出这样的结论：覆盖在石质表面的黑色结壳不仅使石材变得难看，而且对暴露在空气中的石材极具威胁。如果石质表面尚未受

图K2-1-5 螭首下部黑色结壳热失重分析图谱

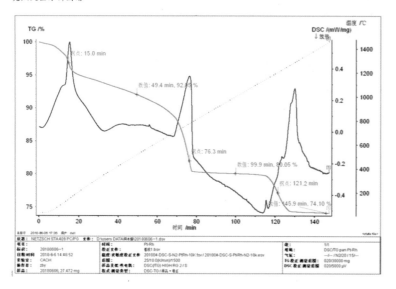

到黑色结壳的侵蚀，除了环境中存在的大气污染物可能会导致黑色结壳的形成外，有利于水蒸气凝结的温度、湿度条件也是一个重要因素。能够观测到的是，硬壳并不直接黏结在石质文物上，而总是依附在厚度不一的石膏层上。这个石膏层或为纯石膏，或者是石膏与二次结晶的碳酸钙晶体的混合物。这些混合物以各种方式侵入石质本身（观察可以发现石质的表面呈现出不规则的侵蚀形态），除了石膏，还可以检测到一定量的氧化铁及其他多种元素。这些球状微粒，极可能来源于工业生产所排放的废弃物。

实际上，由于热辐射作用，在潮湿气候条件下的石材在日落之后比空气冷却得更快，石膏因此结晶（在冷凝时被溶解的少量碳酸钙也一样），将沉积在石质表面的固体尘埃颗粒包裹住，从而形成新的黑色结壳。当空气中的硫酸悬浮液滴与石质文物表面接触时，这种机理也会起作用。在干燥空气条件下，固体尘埃颗粒会黏附在石质表面，这是因为在尘埃颗粒和墙壁之间形成了次级化学键，即范德华引力，或者形成氢键。在黏附过程中，普通的静电力也在起作用：空气与石质表面摩擦，从而在石质与尘埃颗粒接触面产生了静电负荷，而出于同样原因或出于尘埃颗粒之间互相撞击摩擦而在尘埃颗粒上也产生了静电负荷，这使得尘埃颗粒得以黏附在石质表面的石膏上。如图K2-1-7所示，扫描电镜显微照片中的针状长条物为二水硫酸钙，其包裹的球状物检测含有Si、S、Ca、Al 等元素，推测为空气中的尘埃颗粒。这些空气中的尘埃颗粒极易被石质表面的二水硫酸钙所捕捉，并将其牢牢包裹在孔隙中，故石质表面呈现出黑色结壳。

可以肯定的是，黑色结壳更趋向于在雨水冲刷不到的区域形成，但是在某些露天的墙壁，它们也能够顽强地抵御雨水而形成黑色结壳，并不断地再次形成黑色结壳。这些区域往往是"热盲区"，这里的石质由于其性质或导热率不同，与其他地方的石质相比要冷一些，或者冷却得更快

一些。这就解释了一些石窟寺表面黑色结壳分布不均的异常现象。

2. 积尘

几乎所有石质文物表面都有积尘，特别是石质文物水平面、雕刻凹槽处及雨水冲刷不到的区域积尘较多（图K2-1-8）。灰尘、沙粒、烟雾等长时间沉积在文物表面，形成一层灰黑色的沉积物。尤其是在北方地区，降雨少，空气干燥，易产生风沙和粉尘。

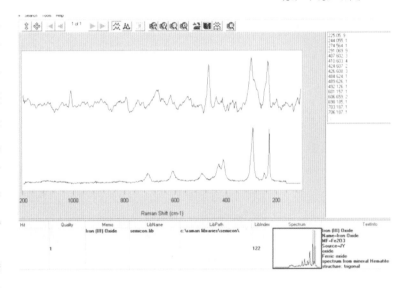

图K2-1-6 螭首下部黑色结壳样品拉曼检测图谱

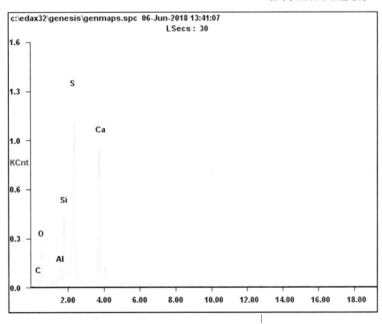

图K2-1-7 被二水硫酸钙包裹的球状微粒扫描能谱图

3. 水锈结壳

水锈结壳主要集中在除赑屃外（因其外部有碑亭遮护，故未受到雨水侵害）的其他石质文物上，如寿皇殿广场石狮，因完全处于室外露天环境中，附近无任何遮护建筑，因此常年的雨水冲刷使得文物本体形成明显的自然水流状结壳物质（图K2-1-9）。文物的结壳主要有以下两种类型。第一种，也是最主要的一种，它大面积发育在碳酸盐岩石质文物渗水处下方。这类结壳一般呈帷幕状，严重的甚至会形成石瘤和钟乳。第二类结壳发育在砖石建筑物砌筑缝或裂缝渗水处下方，表面呈波纹状。这类结壳可以附着在任何岩性石材的表面，对建筑结构和建筑石材强度没有明显影响，但会影响文物的美观以及文物价值的体现。

4. 人为刻画

人为刻画主要集中在寿皇殿碑亭东西侧赑屃上（图K2-1-10），多为铅笔、粉笔图画，也有少数用尖锐物刻画。根据刻画文字记载，判断文字多刻画于民国期间。

5. 油漆

此病害多为石质文物外围保护建筑施工时，工人涂刷油漆时不慎将油漆滴落于文物表面所致，属人为因素污染物。此次病害调查中发现东西侧赑屃（图K2-1-11）、围栏、寿皇殿外石狮、戟门外石狮及戗柱石上均有多处油漆污染物，虽单处滴落面积不大，但数量较多，影响石质文物的观赏性。

6. 墨迹

此病害多出现于石碑上，为拓片制作遗留物，属人为因素污染物。

7. 动物污染

此类病害常见于露天环境下保存的石质文物，主要来源于各种生物的排泄物、分泌物和生物腐烂形成的污垢等，这些物质会在文物上留下渗入性的黄色、绿色印迹。有机物的分解过程会

对岩石有一定的侵蚀，影响石质文物的美观和微观结构。

8. 涂料污染

涂料污染多为周围建筑施工时不慎溅落于文物上的建筑涂料之类的材料造成，呈点状或片状分布，影响石质文物整体美观与协调。

9. 微生物病害

微生物侵蚀多发生于露天保存或曾经露天保存的石刻表面，微生物侵蚀病害的发生与石刻所处环境有着直接的关系。石刻所处环境湿度越大，周边空气中硫化物含量越低，微生物侵蚀现象就越突出。

四、岩性测试

1. 石材特征

汉白玉是大理岩的一种。其中，色泽洁白、结晶均匀者称为汉白玉。千百年来，世界各地建筑师们借助白色大理石创造了无数宏伟的建筑。希腊首届奥运会赛场、印度泰姬陵、土库曼斯坦首都中心的建筑表面均采用白色大理石装饰，美国白宫也是用白色大理石建造的。汉白玉在汉代时已开始被利用，是一种十分名贵的建筑石料。天然汉白玉栏杆堪称"栏杆之最"。我国使用汉白玉主要是在明清时期，建筑形制主要为台基、阶陛、桥栏和雕像等，北京故宫、天坛的三层望柱、栏板，天安门前的华表都是汉白玉雕刻成的精品。

故宫、景山等皇家建筑内石质文物所用的汉白玉，大部分来源于北京房山区大石窝镇高庄，少量来源于门头沟区的青白口。根据故宫皇家建筑用石采石记录，推测景山所用汉白玉开采于北京房山地区。

为便于对景山石质文物进行科学保护，工作人员赴房山地区汉白玉石料厂采取了同类型汉白玉岩石样品，对寿皇殿所用汉白玉石材进行岩性研究，对房山地区采取的汉白玉石料样品进行了薄片鉴定，见图K2-1-12和图2-1-13。

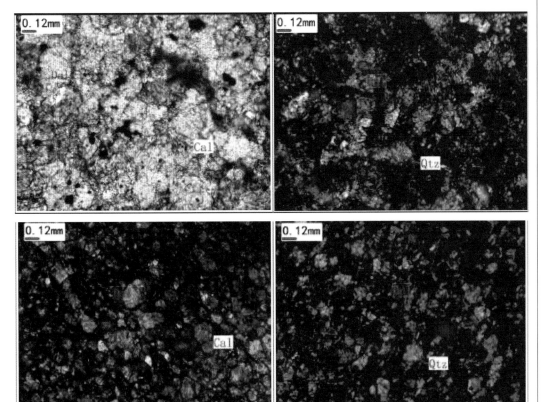

图K2-1-12 寿皇殿汉白玉石材特征鉴定

图K2-1-13 房山地区汉白玉石材特征鉴定

2. 汉白玉石质文物典型病害特征及发育机理

查阅国内外相关汉白玉石质文物风化病害研究文献，归纳风化病害的成因主要包括汉白玉自身结构构造和矿物成分、外界环境中的温湿度变化、盐结晶及水岩作用等几个方面。

岩石都是由矿物颗粒组成的，这些颗粒无论排列得有多紧密，在一定程度上，岩石的内部都是有细微的裂隙存在的。芬兰、法国、德国等国的大理岩风化研究，证明多数大理岩风化的最主要影响因素是温度。但欧洲的大理岩矿物组成主要是方解石。方解石矿物晶体不同方向的线膨胀系数不同，也就是说，一个方向膨胀，另一方向收缩。方解石的这种受热时膨胀的各向异性使得利用方解石大理岩建造的文物经常会由于发生挤压弯曲而被破坏。而汉白玉主要由白云石组成，当温度变化时，白云石颗粒两个方向同时发生收缩或膨胀。温度变化对白云石大理岩产生的影响要小于对方解石大理岩的影响。当温度短时间内发生较大变化时，很可能会在大理岩表层产生热应力，导致薄层状剥落等现象。

汉白玉是以碳酸盐矿物为主要成分的岩石，由于白云石的岩溶速率极低，岩溶作用极其微弱，因此，此类岩石风化多以物理风化为主，表现为颗粒间连接的破坏，在石质文物上体现为粉状剥落。此外，若岩石内含有次生矿物，如石膏，则会在表层形成鳞片状剥落。石膏的形成应是受北京城区酸性降雨、雾霾影响作用，其中的硫氧化物与白云石相互作用形成的。

影响汉白玉石质文物保存的第二个因素是自然环境，主要包括温湿度变化、盐结晶破坏、冻融破坏和溶蚀破坏等。汉白玉的孔隙率很小，所以基本不受盐分结晶和冻融循环的影响。但是在某些微裂隙（比如由于温度或酸雨引起的）中，盐分的结晶膨胀作用和水结成冰的膨胀作用会促进微裂隙的扩展。有学者从不同角度研究了北京汉白玉石质文物的病害机理。陆寿麟等（2001年）分别利用 X 射线衍射、扫描电子显微镜、X

射线能谱仪分析了取自故宫博物院中不同风化程度汉白玉样品的矿物成分、化学成分和微结构，认为故宫汉白玉构件的损坏是化学风化所致。李宏松（2011年）对北京西黄寺清净化城塔汉白玉构件在不同深度处的成分及微结构等进行分析，认为其风化的主要原因是物理风化，而不是化学风化。何海平（2011年）认为酸雨侵蚀是北京孔庙汉白玉进士题名碑在近代加速风化的主要原因之一，温湿度的周期性变化是其风化的长期影响因素。

第二节 针对性清洗试验

一、保护原则

景山公园石质文物存在多种病害，且大部分文物有多种病害并存。为了达到保护景山公园石质文物的最终目的，我们在编写《北京景山公园石质文物清洗方案》和实施清洗过程中均应严格遵循下列原则。

（1）以清洗汉白玉围栏及月台处黑色结壳为重点，采取相应的清洗保护措施。

（2）重视勘察研究工作：景山公园石质文物保护措施都必须以前期勘察研究成果为基础。前期勘察研究的主要内容包括：全面、深入理解景山公园石质文物的完整性；对园内石质文物进行详细勘察，充分研究、真实记录景山公园石质文物价值的赋存载体；对园内石质文物的完整性、真实性及保存状况进行系统评估；客观分析景山公园石质文物表面污染物形成的各种自然和人为原因。

（3）以保护园内石质文物现状为指导思想，尊重园内石质文物的真实性与完整性。任何保护措施均应严格遵守"不改变文物原状""最小干预性""可再处理性"和"最大兼容性"等基本原则，保持景山公园石质文物的真实性；尽可能地保护景山公园石质文物本体所包含的全部历史信息，保持景山公园石质文物的完整性。

（4）安全性要求。保护的目的是有效保持景山公园石质文物的稳定与安全状态；保护措施不得破坏文物本体或对其构成威胁。保护采用传统技术与现代科学技术相结合的手段进行。

（5）风险防范。制定具体保护措施应采取审慎的态度，预测风险，并采取防范措施。尽可能采用可逆或可持续的保护措施；使用现代材料之前应做必要的试验。尽量减少应用材料的种类，注意材料的兼容性、稳定性、可持续性，把握清洗工艺的可辨性。

（6）重视园内环境，加强环境整治。环境是景山公园石质文物不可分割的组成部分，应最大限度地维持景山公园石质文物的现有状态。

（7）重视园内石质文物的历史、科学和文化价值展示。在不损害景山公园石质文物价值的前提下，保护措施应考虑景山公园石质文物的合理展示和正确解读，严格遵守"四个保持"原则，即保持原有形制（包括原平面布局、造型、法式特征和艺术风格）、原有结构、原有材料和原工艺技术，避免误导。

（8）管控要求。各类保护措施应满足景山公园石质文物的保存、管理、安防和日常维护要求。日常管理与维护也是景山公园石质文物保护的主要措施之一。

二、表面污染物清洗试验

1. 试验设计思路

根据试验室样品检测数据分析，针对景山公园石质文物最具有代表性的几种病害，如黑色顽固性结壳污染物、表面油漆污染物等，选取合适的试验区域并制定有针对性的清洗试验方案。试验前对试验区域进行基本的硬度、色差及影像信息数据采集，以便与清洗前后效果进行对比，随后即可进入试验阶段。对于石质文物的清洗，化学清洗剂不仅会作用于表面的污染物，同时也会影响污染物覆盖的岩石和污染物周边的表面，很可能造成石材表面化学性质、物理性质、结构、纹理和色彩等性状的改变。在清洗过程中，任何不必要的或多余的行为都可能增加石材表层发生不可逆改变或伤害的风险。化学清洗剂的选择除了遵循pH 值接近于中性、控制表面活性剂用量、降低磷浓度等指标外，还必须进行安全性检测。一般要求先进行试验室试验，经过清洗效果评估和安全性评估后方可实际应用。清洗试验所选用的清洗试剂应遵循酸碱强度由低到高的原则，不可使用酸碱强度较高的清洗试剂直接作用于文物本体，否则可能会对文物造成不可逆的损害。石质文物的化学清洗是对文物本体的一种直接干预，任何不恰当的操作都可能危害文物，甚至加速文物的劣化。目前，化学清洗最大的困难是难以判别残留物对文物的长期影响；另一个问题是容易造成环境污染。因此，在物理方法可以满足清洗要求的情况下，应尽量减少化学试剂在文物本体上的使用。

因此，无论从清洗效果、安全性、经济性等各方面因素考虑，使用物理方法清除石质文物表面污染物是目前石质文物保护技术的首选。以蒸汽清洗与激光清洗为主，辅以化学清洗，针对不同病害进行靶向清洗，是最为科学、安全、理想的清洗手段。

2. 现场清洗试验

通过对景山公园石质文物表面污染物病害系统调查及取样分析发现，占比较大的污染物类型主要有表面积尘、黑色污染物、涂料及油漆污染。针对以上占比较大污染物制定了针对性清洗试验。

1）黑色污染物

此类病害面积较大，分布较为广泛，主要集中在寿皇殿赑屃碑亭围栏、寿皇殿围栏及月台鸥吻下方，多为顽固性黑色结壳，质地密实、坚硬。经过对鸥吻下部及围栏与柱头的样品进行分析，确定其成分主要为硫酸钙及二水硫酸钙，见图K2-2-1。

针对黑色污染物病害，选取四处具有代表性

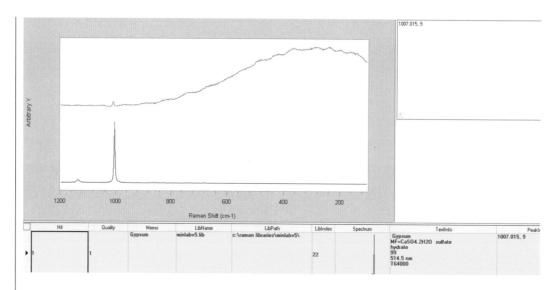

图K2-2-1 成分测试结果

的试验区。

　　首先用纸胶带对事先选好的试验区进行划分，标记好每个区域将使用的清洗方法和清洗试剂名称，并拍照留存。对分割好的试验区进行硬度、色差等基础数据测量工作，以便做清洗试验前后的数据对比，为清洗效果评估提供数据支撑。

　　用软毛刷清除待清洗区域表面质地松软的沉积物。

　　清洗试剂的选择应遵循酸碱度适中的原则。在弱酸性或弱碱性的清洗试剂能够起到很好效果的情况下，应避免使用强酸性或强碱性的清洗试剂，以免对石质本体造成不可逆的损害。

　　准备2A丙酮试剂、2A乙醇试剂、3A试剂、去离子水、EDTA+碳酸铵溶液，将脱脂棉剪裁成试验区大小的方块，置于试验区表面，用软毛刷蘸取试验区对应试剂均匀涂刷在脱脂棉上，试剂

涂刷量不宜过多，保证脱脂棉四周均有试剂溶液即可，避免滴流现象发生。保持贴敷状态30～60分钟，为防止空气温度过高使溶液挥发过快，可用一次性塑料薄膜将试验区包护起来，每隔10分钟可揭开部分脱脂棉并用棉签轻轻蘸取黑色污染物表面，观察其与试剂的反应程度，如清洗效果不明显可适当调整贴敷时间。图K2-2-2、图K2-2-3记录了试验情况。

　　通过对比清洗试验发现，2A丙酮试剂、2A乙醇试剂、3A试剂、去离子水的贴敷清洗效果均不如EDTA+碳酸铵溶液的清洗效果明显。虽然EDTA+碳酸铵溶液能够清除部分黑色结壳，但还会有残余的较顽固的黑色结壳无法清除，此时选择对EDTA+碳酸铵溶液清洗区进行蒸汽清洗法并配合毛刷清洗法完成进一步清洗工作，取得了较好的清洗效果，见图K2-2-4。

　　通过对螭首清洗试验区进行的试验，发现蒸

图K2-2-2 3A试剂清洗试验
（左）

图K2-2-3 去离子水与EDTA
清洗试验（右）

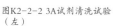

汽清洗法配合EDTA+碳酸铵溶液清洗法清洗效果明显，比较适合用于景山石质文物黑色结壳的清洗工作，遂选取柱头、鸱吻下部、围栏左侧、围栏中部四处面积较大的黑色结壳，运用此法进行清洗对比试验，均取得了良好的清洗效果。

2）涂料污染物

此类病害较为分散，主要集中在寿皇殿东西两侧燎炉下方、寿皇殿燎炉碑亭围栏、寿皇殿围栏及月台下部，多为石质文物周边建筑物维修时涂刷墙面涂料或油满地仗不慎溅落所致，面积较大，分布较不均匀。

针对涂料污染物病害，选取一处具有代表性的试验区。

首先用纸胶带对事先选好的试验区进行划分，标记好每个区域将使用的清洗方法和清洗试剂名称，并拍照留存。对分割好的试验区进行硬度、色差等基础数据测量工作，以便做清洗试验前后的数据对比，为清洗效果评估提供数据支撑。

用软毛刷清除待清洗区域表面质地松软的沉积物。

清洗试剂的选择应遵循酸碱度中性，强度由低至高的原则。低强度清洗试剂能够起到很好效果的情况下，应避免使用高强度的清洗试剂，以免对石质本体造成不可逆的损害。

准备2A丙酮试剂、2A乙醇试剂、3A试剂、去离子水、蒸汽清洗机，将脱脂棉剪裁成试验区大小的方块，置于试验区表面，用软毛刷蘸取试验区对应试剂均匀涂刷在脱脂棉上，试剂涂刷量不宜过多，保证脱脂棉四周均有试剂溶液即可，避免滴流现象发生。保持贴敷状态30～60分钟，为防止空气温度过高使溶液挥发过快，可用一次性塑料薄膜将试验区包护起来，每隔10分钟可揭开部分脱脂棉并用棉签轻轻蘸取涂料污染物表面，观察其与试剂反应程度，如清洗效果不明显可适当调整贴敷时间。

试验发现，2A丙酮试剂、2A乙醇试剂、3A

试剂贴敷法、蒸汽清洗法均能对表面涂料污染物取得良好的清洗效果。其中用蒸汽清洗法清洗过后，表面涂料污染物清洗效果明显且石质本体并无明显颜色变化，效果最佳。

3）油漆污染物

此类病害较为分散，虽面积不大，但所有文物上均有发现。主要集中在寿皇殿东西两侧燎炉、寿皇殿燎炉碑亭围栏、寿皇殿围栏及月台下部、寿皇殿广场石狮，多为石质文物周边建筑物维修时涂刷漆料不慎溅落所致。

针对油漆污染物病害，选取一处具有代表性的试验区。

首先用纸胶带对事先选好的试验区进行划分，标记好每个区域将使用的清洗方法或清洗试剂名称，并拍照留存。对分割好的试验区进行硬度、色差等基础数据测量工作，以便做清洗试验前后的数据对比，为清洗效果评估提供数据支撑。用软毛刷清除待清洗区域表面松软的沉积物。

使用高温蒸汽清洗机对油漆污染处进行高温蒸汽清洗软化，并用棉签蘸取2A乙醇试剂对污染处轻轻擦拭清洗，清洗效果明显（图K2-2-5）。

图K2-2-4 清洗试验区效果对比

图K2-2-5 高温蒸汽清洗

三、清洗措施

石质文物长期暴露在开放环境条件下，会导致表面污染的产生，这些污垢或沉淀物会对文物石材造成危害或者会影响到维修保护的措施，如果不清除它们，将会引起"不可逆"的破坏。通常，清洗或清理的目的是：打开石材气孔，恢复石材微孔隙的水蒸气通道；去除有害于石材的物质，特别是各种盐类；为随后的维修和保护处理作准备，例如提高石材对保护剂的吸收率和吸收深度等。

1. 清洗方式

本次景山石质文物清洗采取的方式主要有激光清洗、蒸汽清洗、毛刷除尘、贴纸法除尘、棉签法除尘、擦拭法去污等。

1）激光清洗

（1）激光清洗的基本原理。污染物和石材表面之间的结合力主要为物理作用力和弱化学作用力。弱化学作用力包括氢键和电荷转移形成的键能等，物理作用力包括范德华力（包括静电、诱导和色散作用）以及毛细作用力等。石材比其他硬表面材料更难清洗的原因是由于天然石材存在的大量微孔隙，微孔隙的毛细作用力不仅使污染物与石材之间的各种结合力得到了增强，同时其包裹作用也使各种清洗的外力难以发挥作用。激光是一种单色性和方向性都很好的光辐射，通过透镜组合可以聚焦光束，把光束集中到一个很小的范围或区域中。激光光束可以产生三个方面的作用：

①会在固体表面产生力学共振现象，使表面污垢层或凝结物碎裂脱落；

②会使表面污垢层受热膨胀，从而克服基体物质对污垢粒子的吸附从而脱离物体表面；

③使污垢分子瞬间蒸发、汽化或分解。

（2）在文物保护领域，激光清洗文物分为干式清洗和湿式清洗两种方式。激光干式清洗法，就是激光直接照射在物体表面，污染微粒或表面吸收能量后，通过热扩散、光分解、汽化等方式使微粒离开表面。激光湿式清洗法，就是在要清洗的材料表面喷上一些无污染的液体（如水），然后用激光照射，在液体介质的辅助作用下，会产生爆炸性汽化，把其周围的污染微粒推离材料表面。

（3）对于景山公园石质文物的激光清洗方法为湿式清洗法，采用技术参数为：最大功率20W，波长1064nm，激光发热量0.5mJ，脉冲持续时间100ns，激光线长4～5mm。激光入射角15°，末梢执行器最小弯曲半径250mm，光束强度为1。

（4）操作工艺。首先用软毛刷对清洗区域进行除尘，将表面灰尘、杂物清除干净。向清洗区域喷涂去离子水，使其表面湿润，但不出现水珠挂流。按照上述参数打开激光清洗机，末梢执行器与清洗面距离约250mm，与激光线垂直方向水平移动执行器，同时避免清洗过度，损伤石质文物表面。激光束清除结壳过程中操作技术人员需佩戴专业防护镜、口罩等。清洗效果见图K2-2-6。

2）蒸汽清洗

蒸汽清洗是使表面污垢层在急速受热条件下迅速膨胀、崩解，削弱或抵消基体与污物之间的黏结力作用，污垢粒子失去吸附力而脱离物体表面。蒸汽清洗属于物理方法，其优点是不会有化学物质对文物本体造成损坏。微裂隙内产生力学共振现象，表面的污垢层或凝结物在力学作用下碎裂脱落。蒸汽流能使崩解、碎裂的表面污物被迅速吹离，避免了污染物在热力学作用下对基体的二次污染。蒸汽清洗是利用了蒸汽流的力学振动和剪切力作用、热分解作用克服基体与污物之间的黏结力、热溶解作用等达到清洗的目的。蒸汽喷射清洗是众多清洗方法中清洗效率最高、无附加、绿色环保的新型清洗方法。蒸汽清洗也叫饱和蒸汽清洗，是在一定的温度和压力条件下，将清洗石质表面的污染物颗粒进行溶解，汽化

图K2-2-6 激光配合棉签清洗前后对比

蒸发使饱和蒸汽清洗过的表面达到去污洁净的状态。尽管此方法属于湿法清洗，因为干燥迅速而可避免低压喷水清洗的水浸泡引起的粘接部位泥灰溶胀、可溶盐迁移和微生物繁殖等危害问题，也可避免高压喷水清洗容易造成的脆弱石雕边角部位脱落的危险。蒸汽清洗冲击力相对较小，仪器的压力还可以调节。清洗效率是水流清洗效率的3～4倍。蒸汽清洗可以进入凹面内部并有效切入细小的孔洞与裂隙，剥离并去除其中的污渍和残留物并尽量减小损害。蒸汽清洗对不同的顽固污渍可以通过调节温度与压力达到不同程度的清洗效果。

蒸汽清洗机有三个不同的功能，即喷汽、喷蒸汽、高压喷汽。喷汽是喷水和汽的混合物，将水雾化成高速、浓密的喷雾，一般叫湿饱和蒸汽，在0.5～1MPa的压力下除污。湿饱和蒸汽继续定压加热，水完全汽化成水蒸气，这时是饱和蒸汽。高压喷汽是激烈清洗喷射，达到的压力产生激烈的机械冲洗和刷洗作用。喷蒸汽是喷出高温蒸汽，使被喷射物表面的毛细孔受热膨胀，再在蒸汽压气流的作用下，使污垢碎屑脱离表面。蒸汽清洗机具有节能节电的优势，耗水量一般在5～36kg/h，耗电量为9～36kW·h，而且操作方便、安全可靠，设备轻、重量小。蒸汽在10cm以外不会伤到人。清洗中不需要任何化学介质，被清洗的表面可以瞬间干燥，不产生废水，没有二次污染。相对于水浸泡、低压喷水、高压喷水、雾化水淋等水清洗法，蒸汽清洗潮湿性破坏最小，可以忽略。

3）毛刷除尘

毛刷除尘是清洗石质文物表面污染物最常见的一种方法，该方法主要针对的是室内外石质文物表面的积尘或粉尘堆积等类似病害。毛刷除尘的主要操作工具有软毛刷、洗耳球等。清洗方法简单、便捷。对石质文物表面积尘处，用软毛刷轻轻扫除。清洗顺序应自上而下进行，避免因清扫而导致的文物二次污染。如遇文物雕刻之沟壑

处，可用洗耳球配合软毛刷进行清洗。

4）贴纸法除尘

围栏柱头、螭屃石碑、石狮、鸱吻上存在较多的孔隙，孔隙内部常有积尘堵塞，对孔隙内部的积尘选择用贴纸法去除。使用该方法需准备木浆纸、去离子水、软毛刷等工具。将木浆纸重叠三层，用软毛刷蘸取去离子水浸湿木浆纸，将浸湿的木浆纸贴敷于孔隙较密集处，用软毛刷轻轻将木浆纸拍打压实。贴敷时间为30～60分钟，使木浆纸充分吸收石质表面积尘，待木浆纸完全干透后将其揭下。此方法可最大限度地将石质文物孔隙中的积尘清洗干净，且操作较为简单、安全。

5）棉签法除尘

因文物形制所限，多数雕刻精美的角落沟壑处不能用毛刷法除尘、贴纸法除尘或擦拭法去污（沟壑处较为隐蔽，不易清洗），所以选择用棉签法除尘。棉签法除尘具有工具体积小、较灵活、有针对性等特点。用棉签蘸取去离子水或2A乙醇溶液对角落沟壑处清洗2遍或3遍，清洗效果很好。但因文物形制所限，此法清洗比较耗时。此方法的使用可最大限度降低因摩擦等因素对石质表面所造成的损害。

6）擦拭法去污

擦拭清洗法适用于面积较大、较为平整、无精细雕刻的石质文物积尘病害及动物病害，例如此次清洗工作包含的围栏处、月台处及螭屃石碑处，使用此法清洗相对较为经济、高效、安全。

2. 一般污染物清洗

一般污染物清洗主要采用毛刷除尘、贴纸法除尘、棉签法除尘、擦拭法去污等方法。用鬃毛刷、竹片刀或牛角刀清理裂隙表面的青苔、苔藓残留物、污泥；用硬毛刷等工具对裂隙间的碎屑、积土、植物根茎进行清洁处理。

对于石刻表面的含炭污染物通常用蒸馏水清洗，这是最经济、最常用的方法。如纯净水清洗达不到预期效果，可以采用混合溶液清洗。清洗

过程中要在清洗部位的下方用脱脂棉衬托，随时吸取流下的清洗液，防止在下方的石刻上形成流挂现象。

当有些污染物用水难以清除时，可以选用丙酮、乙醇、石油醚等有机溶剂清洗。方法是用脱脂棉球蘸取溶剂在石刻表面轻轻擦拭，同时下方也要用脱脂棉衬托。

积尘类病害，因其附着力不强，病害面积较大（几乎涵盖全部石质文物）且较易清洗，可选择用高温蒸汽清洗机进行整体清洗。此方法不仅效率快、成本低，且清洗效果极好。需注意清洗时应以自上而下的顺序清洗，避免清洗过程中出现二次污染现象。如遇积尘较厚部位，选择用毛刷除尘法，先将积尘部位用毛刷清理干净，再选择用软毛刷配合热蒸汽清洗机进行清洗，这样可避免因过厚的积尘遇蒸汽后形成挂流现象，对文物整体美观造成影响。

3. 严重污染物清洗

根据前期试验结果，石刻表层积尘、涂料、油漆、墨迹、动物污染等病害可以采用热蒸汽清洗，配合用软毛刷进行清理。清洗工作从去除表面的松散性沉积开始（用软毛刷和水喷雾器），使用去离子水配合物理方法去除。整体的清洁工作应尽量手工操作，精细清洁。

4. 表面脱盐

盐的危害是指含有盐分的多孔岩石材料由于岩石内部矿物、胶结物及外来盐分发生水合、水解、结晶、迁徙等过程导致盐的结构变化或不同的热膨胀，从而导致岩石内部微裂隙的发育和孔隙的增加，使岩石降低或失去原有结构的联结特性，坚硬岩石可转变为半坚硬岩石，甚至风化成为疏松物质从而导致石质文物的风化。盐类的来源一般包括空气污染物中的硫化物和氮化物、被雨水携带土壤中的可溶盐，以及从海洋或者沙漠吹来的风、用于除冰的盐类、不恰当的清洗材料、不合适的建筑材料及修补材料，等等。盐害是露天石质文物最为严重的病害之一，对盐风化

的持久性是衡量岩石抗风化能力的表现，只要有水的存在和流通，盐的侵蚀便不可避免。因此，通过纤维纸、纸浆、脱脂棉等材料吸附、脱除岩体中的盐分，减少文物尤其是文物表层的盐分含量，以降低盐分运移、结晶、膨胀等对岩石结构的破坏，保证文物的安全，是目前文物保护环节一项重要的工作。

经取样分析，景山石质文物表面盐分主要为：六水镁矾（$MgSO_4 \cdot 6H_2O$）、石膏（$CaSO_4 \cdot 2H_2O$）、钾硝石（KNO_3）、无水芒硝（Na_2SO_4）、天然碱（$Na_2CO_3 \cdot NaHCO_3 \cdot 2H_2O$）、钾芒硝（$Na_2SO_4 \cdot 3K_2SO_4$）。

吸附脱盐是主要的修复方法。一般都是采用纤维纸、纸浆、脱脂棉、纱布、膨润土等吸附物质，用水作为溶剂，使水渗入岩石微孔而溶解可溶盐类。寿皇殿石质文物采用宣纸和纸浆作为清洗材料。材料基本配方和使用方法如下所述。

1）纸粉

先取出所用的纸粉，再缓缓倒入适量的去离子水，边倒水边均匀地调和，将纸粉调成膏状（与浆糊类似），使用软刷在需要脱盐的区域均匀涂抹一层，待完全干燥后取下。

2）纸浆

将宣纸浸泡在去离子水中，完全浸湿后反复搅拌直到宣纸完全变为糊状。使用软刷在需要脱盐的区域均匀涂抹一层，边涂抹边用软刷压按，确保与石材表面完全贴合，待完全干燥后取下。

3）宣纸

单层宣纸或多层宣纸的使用方法相同，都是先将脱脂棉浸湿，再用湿脱脂棉在裁剪好的宣纸上均匀涂抹，尽量使宣纸的含水量正好处于饱和状态，待宣纸湿润后敷于石材表面。用棕毛刷子在宣纸上反复拍打，确保与石材表面完全贴合，待完全干燥后取下。

4）使用次数

使用次数要根据脱盐效果而定，每一次脱盐都要用电导率仪测试材料中的电导率数值

（mS/cm）记录下来，直到最终测试出的数值为恒定数值。

此为贴敷一次脱盐，一次一般1~3遍，贴敷次数按照工程实际需要据实调整。

具体清洗工作如图K2-2-7~图K2-2-10。

第三节 总结

景山公园石质文物表面污染物病害主要为表面黑色污染物、涂料污染、油漆污染等。黑色结壳质密坚硬，极难清除，通过检测分析表明，黑色结壳为包裹粉尘颗粒的硫酸钙物质。相对其他石质文物表面污染物清洗方法，蒸汽清洗法安全性高、可靠性好、对环境无污染，是经济适用的新型高科技清洗方法。现场试验也证明，蒸汽清洗对景山石质文物大部分表面污染物均起到良好的清洗效果，少数顽固性黑色结壳可采取蒸汽清洗配合EDTA+碳酸铵溶液清洗法，清洗效果较好。

对于石质文物的清洗，化学清洗剂不仅会作用于表面的污染物，同时也会影响污染物覆盖的岩石和污染物周边的表面，很可能造成石材表面结构、纹理和色彩等性状的改变。在清洗过程中，任何不必要的行为都可能增加石材表层发生不可逆改变或伤害的风险。化学清洗剂的选择除了遵循pH值接近于中性、控制表面活性剂、降低磷浓度等指标外，还必须进行安全性检测。一般要求先进行试验室试验，经过清洗效果评估和安全性评估后方可实际应用。清洗试验所选用的清洗试剂应遵循酸、碱强度由低到高的原则，不可直接使用酸、碱强度较高的清洗试剂直接作用于文物本体，否则可能会对文物造成不可逆的损害。石质文物的化学清洗是对文物本体的一种直接干预，任何不恰当的操作都可能危害文物，甚至加速文物的劣化。目前，化学清洗最大的困难是难以判别残留物对文物的长期影响；另一个问题是容易造成环境污染。因此，在物理方法可以

图K2-2-7 寿皇殿大殿须弥座台基清洗

图K2-2-8 寿皇门丹陛清洗

图K2-2-9 寿皇殿大殿月台栏板清洗

图K2-2-10 南砖城门石狮清洗后效果（下）

满足清洗要求的情况下，应尽量减少使用化学试剂对文物本体的清洗工作。

因此，无论从清洗效果、安全性、经济性等各方面因素考虑，使用物理方法清除石质文物表面污染物是目前石质文物保护技术的首选。以搭配蒸汽清洗与激光清洗为主，辅以化学清洗，针对不同病害进行靶向清洗，是最为科学、安全、理想的清洗手段，清洗效果如图K2-3-1～图K2-3-4。

此次寿皇殿石质文物清洗工作，取得了丰硕的成果， 达到了预期的目的，但是也有很多不足之处，需要在日后不断探索改进。

图K2-3-1 碑亭望柱栏板清洗后效果

图K2-3-2 螭首清洗后效果

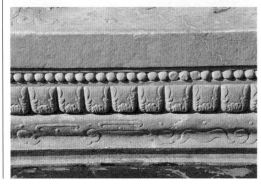

图K2-3-3 露陈座（左）

图K2-3-4 望柱头（右）

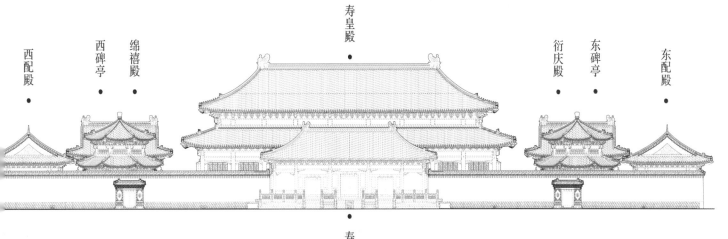

西配殿　西碑亭　绵禧殿　　寿皇殿　　衍庆殿　东碑亭　东配殿

寿皇门

第三章 三维模型可视化信息展示

Chapter 3 Visualization Information Display of 3D Model

对景山而言，时代的发展要求改变原来以"修"为核心的保护工作思路，高度重视遗产信息记录和管理的科学、系统、完整，促进由被动的抢救性保护向主动的系统性和预防性保护的历史转换。从保护实践的需求看，当前对遗产记录提出了更高的信息化要求；从现有的技术发展看，遗产记录的信息化发展也有了相对充分的技术经济条件。其中信息可视化、生命周期管理等技术和理念，与遗产保护的整体需求也十分契合。在此背景下，在寿皇殿的遗产记录工作中，我们尝试将方兴未艾的三维激光扫描技术、地理信息系统、建筑信息模型技术等加以集成应用，将形象与属性、时间与空间集成统一封装，创造性地提出数字化时代"左图右史"的信息管理新模式，以推进建筑遗产记录的"信息化转型"进程。

As far as Jingshan is concerned, the development of the times requires changing the original idea of protection with "repair" as the core, attaching great importance to the science, system and integrity of heritage information recording and management, and promoting the historical transformation from passive rescue protection to active systematic and preventive protection. From the point of view of the demand of protection practice, higher information requirements have been put forward for heritage records at present, and from the point of view of the existing technological development, the information development of heritage records also has relatively sufficient technical and economic conditions. Among them, information visualization, life cycle management and other technologies and concepts are also very consistent with the overall needs of heritage protection.In this context, in the heritage record work of the Pavilion of Imperial Longevity.We try to integrate and apply the 3D laser scanning technology, geographic information system, building information model technology, etc.,to integrate image and attribute, time and space, and creatively put forward a new information management mode of "left picture and right history" in the digital era, so as to promote the "information transformation" process of architectural heritage records.

第三章 三维模型可视化信息展示

执笔人：张凤梧　周悦煌　钟升

第一节 信息记录与管理

建筑遗产记录是对建筑遗产的构成、现状以及使用情况等信息的采集、分析、研究和评估。这项工作是建筑遗产保护、研究、宣传和公众教育的基石，其规范化建设在建筑遗产各项工作中具有举足轻重的战略意义和巨大的现实价值。不仅国际宪章和文件反复强调建筑遗产记录的有效管理、采集规范、及时公开的重要性，在遗产保护领域走在前列的国家更是将其作为政府的重要任务不遗余力地加以建设，形成了殊途同归的记录执行和管理机制。

随着保护理念的深化、技术的进步、建筑遗产保护对象愈发复杂以及保护实践和研究各类需求的增多，遗产信息记录本身多时态、多样化、复杂性的特点愈发鲜明，记录工作面临全面挑战。目前来看，相关技术已经达到一定高度，与之对应的遗产信息记录与管理也理应跟上时代步伐，将原有单纯的平面二维图纸转化为全方位、多维度、全周期的信息应用平台，以实现更加系统完备的一体化管理模式。

基于此，寿皇殿作为北京市中轴线申遗的重要组成部分，更应将建筑遗产信息加以整合，以对相关申请管理工作有所裨益。

第二节 寿皇殿三维模型的建立

一、信息化软件平台的选取

建筑信息模型（BIM）是以三维数字技术为基础，集成了建筑工程项目中各种相关信息的工程数据模型。其主要以信息化的模型组件来表示实际存在的建筑构件，通过附载形状、材质、大小、残损等信息来尽量真实地反映建筑现实状况，同时将文献档案、调查记录、照片图纸等各类信息加以整合，实现建筑遗产资源调查、研究评估、制定名录、记录建档、编制规划、实施干预、监测维护、宣传展示等诸多环节的保护。

目前来看，BIM模型的建立主要依托于Autodesk Revit Architecture软件，重点通过赋予建筑构件"材质、表面纹理、年代、力学性能、病害、造价、参照与约束关系"等内容的方式，形成可有序管理的庞大数据库，在前期工作中，需要依托复杂的考古类型学方法对建筑各构件进行"类别"—"族"—"类型"的逐级分类归纳，形成完整有序、自带逻辑的规划体系。但也正因于此，这套系统对模型建立者提出了很高的要求。同时，Revit在处理更多层级信息的精细度方面同样存在局限，尤其在进行多次构件榫卯切割方面常常显示报错，无法实现更深入的参数化建模。鉴于此，此次寿皇殿的模型建立采用了Autodesk Inventor Professional软件，它能更加精确快速地弥补以上Revit的缺陷，实现更加符合现实的建筑构件榫卯信息表达。当然，在信息管理方面，仍需依靠Revit来完成。

二、模型建立流程

1. 构件分类

Inventor层级系统关系清晰，主要通过构件位置和类型进行分类，具体为：柱顶、柱—大木、梁—下檐、梁—金步、梁—上檐、斗拱—下檐、斗拱—上檐、墩斗、椽子、装修和隔墙。

2. 构件命名

寿皇殿坐北朝南，几乎所有构件都沿东西轴向或南北轴向分布，以建筑平面轴号为基础，结合构件类型，可准确定位各构件，如"檐柱3A""上檐挑尖梁B-C"等。对特殊构件如雷公柱、太平梁等不存在混淆情况的构件，则不后缀坐标。对于多次重复的小构件如椽子，仅以两位数记录，如"S1"代表上檐脑椽，以上命名见图K3-2-1～图K3-2-3。

3. 建模次序

模型依据从下到上、从中间到两端、先大木作后装修的建模次序。具体而言，先建立建筑轴网，然后建大木结构和装修。在此过程中，可以将大部分木构件进行参数化，通过另存为构件，简单调整对应参数，可以迅速地完成整个模型的建立，建模顺序见图K3-2-4～图K3-2-7。

第三节 展示与利用

一、力学分析

通过赋予材料物理特性，如密度、力学特性等，模拟建筑的受力分布，预测因受力不均造成的构件变形，及时采取相应保护措施。

二、交互式"屏显视图"

根据实际内容和表达方式需要，对模型信息进行筛选与组合，通过多媒体的表达方式，将模型信息呈现给大众，利用人机交互方式，提高公众分享、参与水平，实现建筑遗产记录透明化。

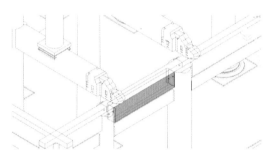

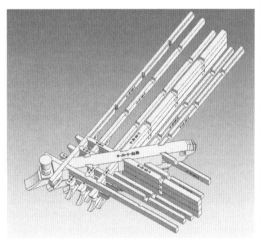

图K3-2-1 构件命名—大额枋B-C（左上）

图K3-2-2 构件命名—大额枋B-C（左下）

图K3-2-3 构件命名—角科斗拱各构件（右）

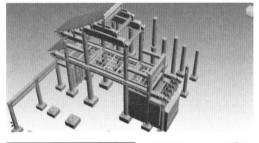

图K3-2-4 建立梁柱（左）

图K3-2-5 搭建天花梁檩（右）

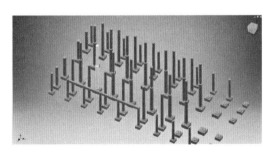

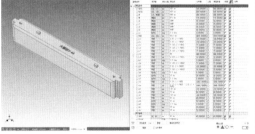

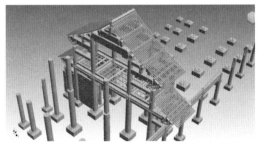

图K3-2-6 搭建椽子（左）

图K3-2-7 局部构件制作（右）

三、多媒体专题化二维图纸

基于BIM技术的索引框架模型可按照专题内容整合多种表达方式，结合实际工程需求，形成与传统接轨的平立剖图纸和详图。

四、参数化构件库

通过信息模型的建立，将以寿皇殿为代表的庑殿官式建筑的构件进行参数化，丰富目前的参数化构件库，将对更大范围的类型学分期和古建筑研究大有裨益。

寿皇殿建模展示如图K3-3-1～图K3-3-4所示。

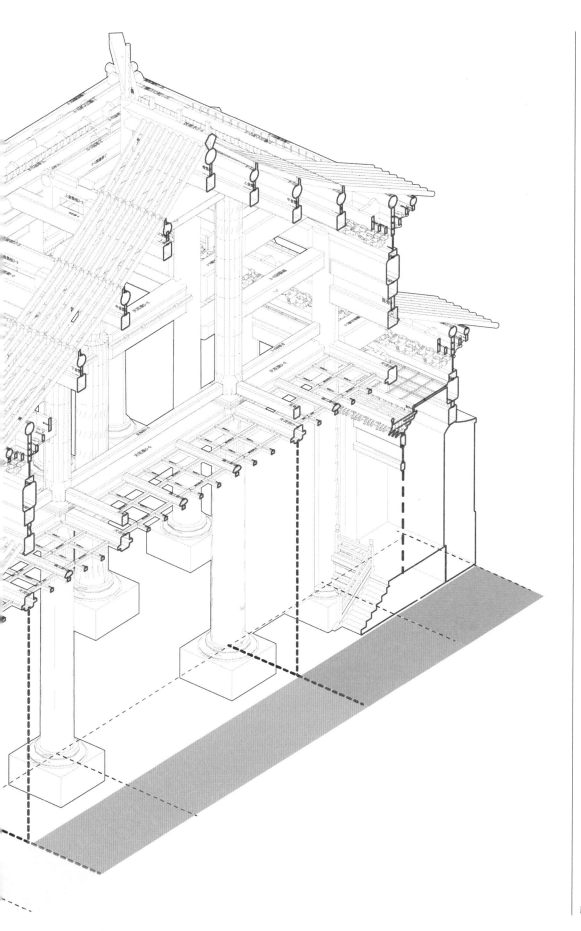

图K3-3-1 模型剖透视

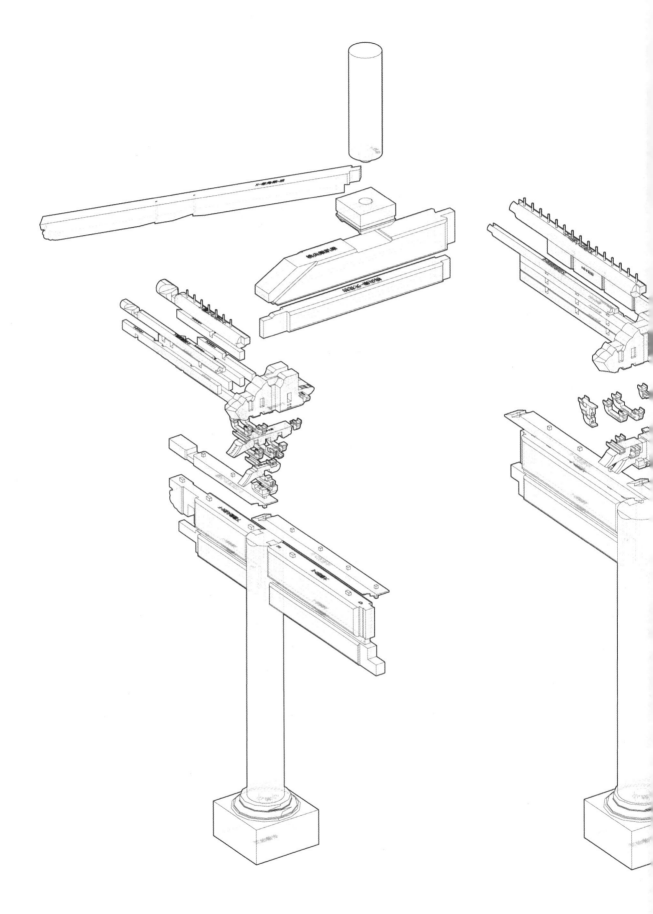

图K3-3-2 梁柱结构分解图

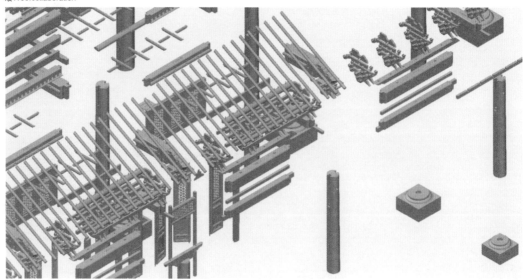

殿1130.collaboration

图K3-3-3 建筑整体分解图

图K3-3-4 三种柱头科示意

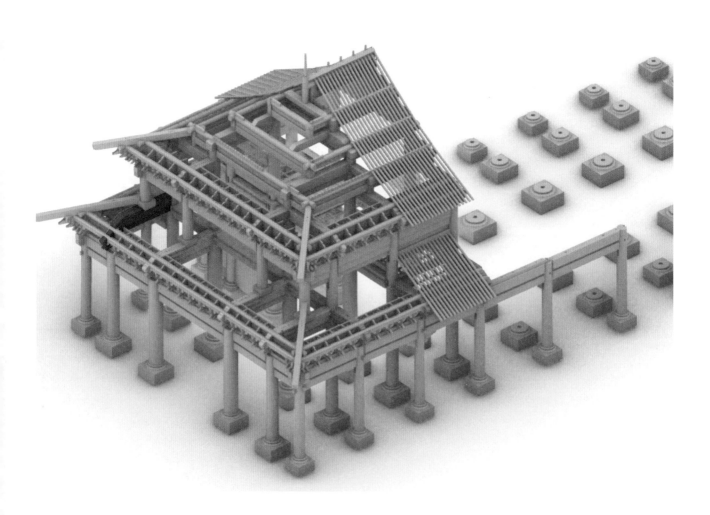

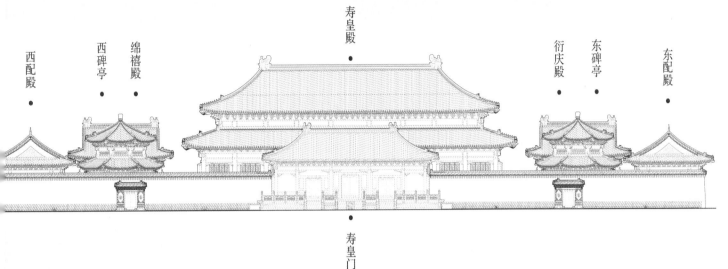

西配殿・　西碑亭・　绵禧殿・　寿皇殿・　衍庆殿・　东碑亭・　东配殿・

寿皇门・

第四章 寿皇殿古树保护
Chapter 4 Protection of Ancient Trees in the Pavilion of Imperial Longevity

景山北区寿皇殿院落内古树历史悠久，体现着寿皇殿组群的历史景观风貌，是寿皇殿建筑组群文物重要的组成部分。由于北京市少年宫的长期占用，缺乏专业技术人员，一直以来寿皇殿院落古树疏于养护，多年来逐步导致古树长势衰弱甚至枯死。近年来，景山公园管理处以寿皇殿建筑群腾退修缮为契机，借鉴北海团城古渗井集水原理，结合传统工艺及现代科学技术，从园林建设管理角度采取以水土涵养为主的措施进行古树养护与复壮，寿皇殿建筑群院内古树长势明显改善。

The ancient trees in the courtyard of Pavilion of Imperial Longevity in Jingshan North District have a long history, which reflects the historical landscape of Pavilion of Imperial Longevity complex,which is an important part of the cultural relics of Pavilion of Imperial Longevity complex. Due to the long-term occupation of Beijing Children's Palace and the lack of professional and technical personnel, it has been neglected to maintain the ancient trees in the courtyard of the Pavilion of Imperial Longevity, which has gradually led to the decline and even death of the ancient trees over the years. In recent years, Jingshan Park Management Office has taken the opportunity of renovation of Pavilion of Imperial Longevity complex, drawing lessons from the principles and methods of collecting water from ancient seepage wells in Beihai Tuancheng, combining with traditional technology and modern science and technology, taking the measures of soil and water conservation as the main measures to improve the maintenance and rejuvenation of ancient trees from the point of view of garden construction and management, so as to significantly improve the growth of ancient trees in the courtyard of Pavilion of Imperial Longevity complex.

第四章　寿皇殿古树保护

执笔人：宋恺　张凤梧　祈爽　周悦煌

第一节　寿皇殿古树保护背景

景山作为北京城南北建筑轴线上历史最悠久的皇家园林，是世界文化遗产的重要组成部分，在此背景下，需要明确景山所具有的历史、艺术和科学等文物价值，并进一步保护和展示其所具有的生态、社会及文化价值。

景山是古都北京城市架构和发展的重要组成，是北京皇城建设的重要见证，是构建北京中轴线重要且独特的元素，更是中国古代进行城市规划和体现人居最佳环境的科学典范。其所包含的古代经典建筑，在总体布局、空间构图和建筑装饰等方面都具有极高的艺术价值。同时，景山作为历史名园、北京市精品公园，拥有丰富的景观资源，是维系北京市中心城区生态系统的重要构成要素，是中轴线上独具特色的生态绿岛，是老城与中轴线上不可或缺的重要组成部分，其山、树是形成生态系统不可或缺的重要元素，在降温、增湿、防尘、减噪、缓解城市热岛效应、提高空气质量、提供生物栖息地等方面具有重要的生态价值。此外，景山的园林布局与植物种类，以槐中槐、二将军柏等为代表的古树对研究中国古典园林设计、树木生理、北京自然史等具有重要的科学研究价值。

历史上，景山便是古都北京城市发展的重要见证，是当前北京市建设"生态园林、科技园林、人文园林"的重要载体。在未来的定位中，景山既是中心城"环状、放射状、点状绿地交织而成的网状系统"的重要节点，也是"两轴、三环、十楔、多园"绿地结构的重要构成部分。

寿皇殿作为景山最重要的古建筑群，是体现景山多层次复合价值最不可或缺的构成要素，在承担中国传统祭祀礼仪文化功能之外，也发挥了维持生态平衡的重要作用。其中植物景观作为文化遗产的重要组成部分，与古建筑一起，共同体现着独特的历史文化价值。目前，寿皇殿古建筑群及其周边共有古树141棵，其中一级古树33棵，主要集中于寿皇殿内院；二级古树108棵，散布于寿皇殿外院及周边区域。寿皇殿院内古树排列有序，尤其在内院御路两侧、核心建筑四周遍植松柏，建筑与环境融合，营造出极其肃穆庄重的氛围。

1956年起，寿皇殿长期被北京市少年宫占用，直至2013年底腾退，交归景山公园管理处管理。在此期间寿皇殿院内古树长期缺乏园林专业人员的妥善养护，古树根部水土涵养问题无法得到专业的关注和处理，地面大面积水泥方砖铺装使地下土壤板结贫瘠，透气透水性差。加之古树树龄较大，体内抗腐物质含量减少，长势变弱，造成木质松软，密度小，芯材空洞，容易产生病害、树枝折断等危害。更为严重的是，由于对最重要且基本的防火工作的忽视，在1981年少年宫内因电器使用不当引发的火灾烧毁了寿皇门，其周围7株古树也被烧毁，造成严重且不可逆的文物破坏。

以往公园对于寿皇殿景区内的文物保护仅限定于古建筑本体，院内的古树未列入文物范畴，仅作为院内生态景观的一部分，因而也未重点关注对古树的保护工作。近年来，公园逐渐认识到古树作为皇家仪丧祭祀六百余年的见证者，与寿皇殿一样具有重要的文物价值，关注古树的健康状况，加强古树的养护工作是文物保护工作的内容之一。

第二节　传统古树养护的方法与措施

一、传统方法

根据《北海景山公园志》的记载，景山公园1955年正式开放之后，才对古树进行多次调查并采取了养护措施。1991年以后至2016年寿皇殿修缮前这一时期，对于古树的复壮工作，包括增加支撑、围栏、围堰，修补树体、铺装铁篦子、安装微观滴管等措施。寿皇殿院落内古树的养护、相关园林基础设施建设与一般公园的工作基本相同。一般情况下，发现古树出生病害问题后才采取针对性治疗，甚至仅仅进行抢救性的工作。园林建设方面，缺乏针对古树个体以及环境特点的水土保护工作，因而古树的长势也未达到最好的状态。

二、利弊分析

通过对寿皇殿院落环境以及古树基本情况的调查，发现修缮前古树养护存在的普遍性问题。

就古树本体而言，以往养护工作相对滞后，对于现阶段病害问题不明显的古树，往往等到病害发生后再对其进行治疗。一方面，古树病害已经发生，有时难以做到根治，更容易对古树本体产生不可逆的破坏，这对于古树养护以及复壮来讲并不合理。另一方面，寿皇殿作为游客活动密集的景区，在院内用化学药物对古树打药除虫，对于游客人群也有一定的影响。就院落水土涵养来讲，因地面硬质铺装透水、渗水性差，造成土壤水分渗入量小，水分养分的吸收性弱，水分多以地表径流方式排走，古树的土壤环境恶劣。土壤内微量元素含量未达到古树正常生长所需要求，古树根部环境温度不适宜及通气性差，是公园古树长势衰弱、对外界病害抵抗性差的主要原因。

园林中树种的养护与管理工作，需要从种植环境、土壤状态、树木本体多个方面采取相应措施，以保证树木的良好生长。而对于古典园林中历史悠久的古树，由于树龄大，树的生长形势早已达到稳定状态，且从古树的文物性质考虑，其保护方法、管理重点与现代园林种植树木有所区别，保护工作较普通树木更要做到谨慎和完备；此外受古树周围文物环境限制，既要保护历史铺装，又要兼顾游客参观游览的需求，古树养护与园林管理要求对古树以及本体环境所产生的影响降至最低，工作方法相对受限。因此，古树的保护具有针对性和特殊性。

第三节　寿皇殿古树养护的技术应用

从园林建设与管理角度，公园在改进古树养护方法方面，既有在建筑修缮施工时采取的临时性保护措施，也有在日常通过改善园林设施以涵养古树水土环境的永久性的措施。

一、改制移建时对古树的保护利用

根据档案记载，清代康熙朝以前，景山内树木林立，寿皇殿与万福阁区域遍植古树。乾隆十五年（1750年）将寿皇殿移建改制至现有位置时，为尽可能减少砍伐破坏，特意采取退让的方式，将寿皇殿大殿月台前出踏跺前的两棵古树保留下来。之后乾隆十九年（1754年）为进一步提升组群环境氛围，同时加强古树保护，又在内院添安二十八座石树池，其中大树池二十六座，主要位于大殿和寿皇门间御道两侧、东西碑亭与院墙间的空地内；紧靠在北侧台阶的两棵古树因场地空间的限制，则为其添安两座小树池。这是寿皇殿最早对于古树保护的记载。

二、修缮过程中对古树的保护

2013年底，景山公园管理处收回寿皇殿，寿皇殿建筑修缮工程从2016年开始，2017年底修缮完工。为避免建筑施工过程中对古树造成意外伤害，在修缮开工之前，公园及施工单位就针对古树的保护安置问题进行了商讨并拟定了保护计划。施工过程中，用彩钢板对古树树冠以下根部以上的部位进行四面围合保护（如图K4-3-1），避免在修缮施工过程中对树干及根部造成伤害，且不影响古树正常的生理作用。施工中保持对古树定期定量浇水，以保证古树的长势良好。

图K4-3-1 修缮施工时对古树围合保护（上）

图K4-3-2 北海团城集水排水原理示意（下）

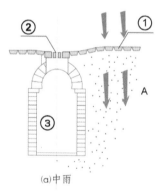

(a)中雨

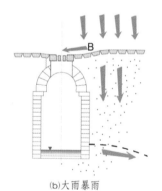

(b)大雨暴雨

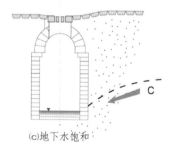

(c)地下水饱和

① —干铺倒梯形青砖
② —石板雨水口
③ —涵洞
A —入渗
B —排地面径流
C —排地下水

三、具体技术措施

1. 借鉴北海团城古代排渗原理的水土保持措施

寿皇殿古树的水土涵养借鉴了团城古渗井集水原理，同时结合现代技术手段，改善古树根部的水土涵养，提高古树自身抵抗病害的能力，做到对古树有效的预防性保护。

北海团城在古代建造时，就从地表铺装、土壤层、涵洞建设三方面构建了地下排渗系统：一是在地表铺设渗水性、透气性良好的倒梯形青砖；二是合理分配土壤层，掺入有机物改善土质，使土壤结构合理，满足植物根系生长对土壤的要求；三是采用了深埋渗排涵洞的方法，地面上的石板雨水口与地下涵洞相通，形成一个深层土壤与大气相连通的地下通气系统，如图K4-3-2。

对比北海团城与景山寿皇殿内环境条件，分析两者存在的共性与差异。两者作为古典园林，同位于明清北京都城及现代城市的中心位置，位置相毗邻，地理气候条件基本一致；植物种类基本一致，树种都以油松、白皮松、圆柏、侧柏为主；但两者地势不同，团城作为一个独立的单元，高出北海水面5米多，而景山寿皇殿建筑组群位于平地上。通过对北海团城雨水排渗系统的分析，结合寿皇殿院落园林环境的实际情况，可以将团城集水原理应用于景山寿皇殿院落古树土壤环境水土保持设计中。

1）地面铺装

通过对地面铺装砖材质地与尺寸形状的选择，增加古树周边地面铺装的透水透气性，对于改善古树的生长态势是一项有效措施。此前院内采用水泥机砖，表面透水性能差，雨水也不易从砖缝引入地下土壤中，造成土壤缺失水分以及产生冻胀问题。同时，由于透气性差，夏季土壤内热量难以排散，土壤温度过高对古树根部造成伤害。自2013年少年宫腾退寿皇殿进行修缮后，借鉴团城地表铺装，院落内的地面改用传统的倒梯形青砖细墁，青砖本身的吸水性较强，经试验吸水率可达到18.8%，相较传统长方体机砖，透水性有较大提高，增加了土壤渗水量，减少地表径流，避免缺少水分而导致土壤板结。倒梯形青砖增大了缝隙面积，相当于加大了地表的冻胀伸缩缝，留出土壤冬夏冻胀收缩的空间，利于土壤表层的通气与蒸发，保证根部能够透气。

团城铺砖为二城样海墁，地表上部的砖的缝隙宽度为1cm，其最下部宽度为5cm。如图K4-3-3和图K4-3-4。景山寿皇殿采用细墁，铺砖上部砖缝为0.25cm，下部宽度在0.8～1cm范围内。与团城铺砖相比较，寿皇殿院落铺砖单位缝隙小、总数量大，微观上相当于形成了密布的排水槽。

铺砖质地形式的改善使寿皇殿作为开放景区既能够在院落内进行大面积铺装，满足游客游览时在院落内行走的需求，同时又考虑到增加院落内雨水向地下排渗的需求，为古树营造良好的土壤环境。

2）土壤结构

改善土壤层次结构及成分，调节土壤理化特性是团城水土保持的一个重要特点。借鉴于此改良寿皇殿院落土壤成分。地面以二城样砖下铺三层灰土垫层为支撑层，砖透水透气性好，利于地表水分快速深入土壤中。下部的黄土砂土层增大了土壤的孔隙度，利于雨水向地下土壤排渗，满足古树毛细根向下生长对水分吸收的需要，如图K4-3-5。

3）排水沟与地下涵洞

为了让雨水更多地排入地下，使地下土壤在一段时期内能够贮存与涵养水分，可借鉴团城地下涵洞的建设。古人建设团城时设计并利用涵洞排渗系统进行雨水储存。地面设有石板雨水口，即雨箅子，一般布置在距离古树较近的位置，以利于古树根系直接从其中吸收雨水。雨水口在地下连接着用青砖砌筑的地下涵洞，雨水通过砖垒砌的地下涵洞渗入两边土壤，遇到较大的降雨可由涵洞通过竖井排出团城，以实现其内部防洪防涝的目的。由于团城在砌筑的圆形围合的高墙之上，地下土壤竖向的空间充足，涵洞建造成拱形，尺度可满足人在其中穿行，这样就形成了一个内部自行解决防洪防涝问题的深层土壤与大气连通的地下通气系统。此外，利用涵洞埋深，可调节土壤温度及湿度，对植物生长具有良好的促进效果。

寿皇殿院落在借鉴团城这一排渗原理同时并就自身条件作出改进。在树池周围布置与树池在地下连通的雨水口，不仅能够集中将其附近的雨水引流至地下，更直接有效地为古树供给水源，

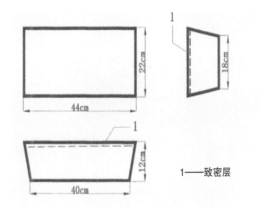

1
22cm
44cm
18cm
1
12cm
40cm
1——致密层

图K4-3-3 干铺倒梯形青砖

1.0cm
5.0cm

图K4-3-4 倒梯形青砖缝

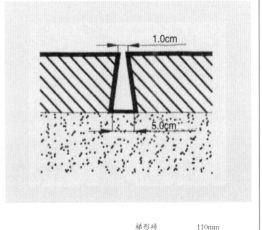

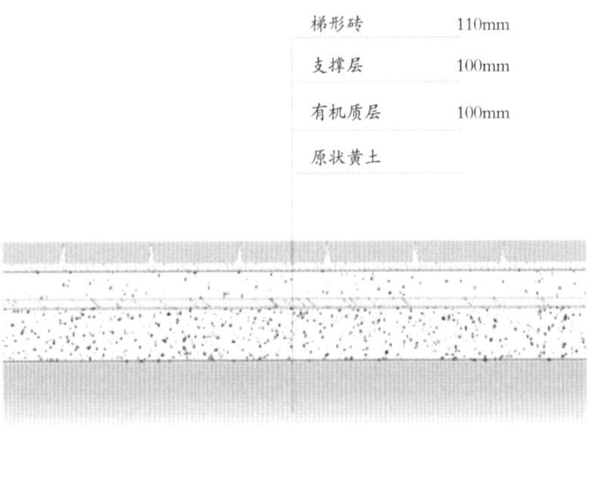

梯形砖 110mm
支撑层 100mm
有机质层 100mm
原状黄土

图K4-3-5 团城土壤层次结构示意

还能通过与地下树池形成连通空间有利于古树根部保持通透。相比直接通过树池池口对古树浇水，通过雨水口向古树浇水提高了古树对水的吸收利用率。根据古树长势以及古树位置分布情况合理进行连通处理，长势良好或者问题较小的古树，与就近其他的树共同连通周边的雨水口，为古树浇水时从雨水口处进水可以分别流向所连通的几棵古树；而长势相对弱的树，周边会设立单独连通的一个甚至多个雨水口，如图K4-3-6。

雨水口地表的铁质防护盖板，坚固耐用，通透性强，并做成传统纹样，以呼应寿皇殿组群落的历史感与沧桑感。与团城不同的是，限于寿

图K4-3-6 古树树池与雨水口关系（上）

图K4-3-7 古树周边松土（下）

皇殿院落地下土壤条件的限制，地下建设的涵洞空间相对小，不足以使人进入。地表—地下雨水排渗系统的建立能够实现雨水高效利用。此外，排水渠也有存水功能，降雨量较大时多余的雨水通过地表径流流入排水渠，在旱季将贮存水分供给土壤及古树根系。

2. 树池与草的种植

对于古树的保护，建立树池是历史悠久的一种方式。最早的时候在《京西杂记》中记载："太液池西，有一池名孤树池，池中有洲，洲上粘树一株六十余围，望之重重如盖，故取为名。"在现代的园林绿化中，建立树池的目的更多的是考虑它的景观欣赏性，强调作为园林空间中景观小品为游人提供休息的功能作用。因而现许多园林中所见的树池造型各异，吸人眼球。但事实上，从树的需求出发，树池的建立应该首先遵循树的生长发育规律，以为其提供一个健康的生活环境为出发点，以发挥其保护树木最基本的作用。

在改进古树的养护与院落水土保持前，寿皇殿院落内古树未做特殊保护，使用的是传统树池，仅保障古树生长最基本空间。建造时未充分考虑古树生长特点及需求的树池存在着对古树的隐形危害。树池的设计需考虑古树的生理特征以及文物特色，坚持因地制宜、生态优先的原则，体现与周围建筑、自然环境的协调，选择适宜的材料和覆盖方式。为了给古树营造良好生长环境，在延续传统松土做法（如图K4-3-7）的基础上，对树池做了改进，主要包括了以下三个方面。

1）连通树池空间

位置相近的多棵古树采用整体树池。由于独立树池（图K4-3-8）浇水时的水资源利用率要差于整体树池（图K4-3-9），且温度较高时无法有效散热，会灼伤古树根部。为了给古树提供一个更好的地下土壤环境，现将位置相近的古树树池做成整体，使其连成一片，在整体中有更多土

壤空间扩散水分、养分,使之流通并均匀分布,避免了独立树池因浇水量不均匀对树木造成的危害,且整体树池能够使温度以及通气条件保持平衡。

2)合理选择树池内植被种类

为了提高绿化率,降低扬尘,实现"黄土不露天"的目标,往往采取覆盖树池的方式解决上述问题,并形成良好的景观,促进了古树生长。园林工程中经常采用在树池中种植草类的软质处理方式。但一旦植被选择不当,养护工作不到位,反而不利于古树的生长,产生适得其反的效果。经调查,北京各文物单位公园内草坪、山坡等大面积地块多种植抗寒性好的常绿冷季型草,但冷季型草需水量较大,正常生长需水量为10~15千克/天/平方米,对于北方缺水城市来说用水压力较大。此外,古树树池内种植冷季型草会产生古树与草对水分供给需求不匹配的问题。草类根系在10~12厘米,古树根系达到40~45厘米,按冷季型草的需水量每日浇水,水分停留在古树根系以上,形成断层水,水分难以下渗到古树根部位置,致使古树根系向上生长,同时在上部形成水膜,导致土壤不透气,且温度升高,灼伤根部,对古树根系产生伤害。为此,管理处在古树树池中引进了丹麦草,其优点是喜湿又耐旱,因此浇水量可以完全按照古树的用水标准,不用考虑草的用水需求,不需每天浇水,既达到节水的目的,又满足了古树与草的用水需要。

3)对尺度不适宜的树池进行扩建

对紧靠寿皇殿台阶的古树树池进行扩建。寿皇殿南侧月台台阶前,东西两侧分别各有两棵古树与台阶紧挨。乾隆朝寿皇殿改建移建时为了保护古树,殿座只能紧靠其北而建,位置空间的限制导致当时建立的树池尺寸也十分窄小,池口仅能容纳树干。随着树的生长,树池的空间已不适应树的长势,甚至对树干及根部造成挤压,导致长势变弱。针对于此,公园对树池进行扩建(图K4-3-10),考虑到乾隆朝所建立树池的文物性

质,需坚持对文物最小干预的原则。为此,在扩建方式上通过在树池中间部位加设一段,外观上与原有树池保持形式一致,延续原有须弥座树池式样,同时在加补原有树池部位通过修补痕迹将两者加以区分。实现既对原有树池本体破坏度较小,又拓宽了树池的尺寸,为古树留出生长发展空间。

3. 仿生的树体支撑构件

为防止树木被强风吹袭,过量降雨雨水冲刷根际土壤导致树干倾斜,或因树冠自重以及外力作用导致树枝折断,园林建设部门一般需对树木采取加固措施,即树木支撑。从支撑材料上分为

图K4-3-8 修缮前古树独立树池(上)

图K4-3-9 修缮后多棵古树连用的整体树池(下)

柔韧支撑（软支撑）与刚硬支撑（硬支撑）。对于寿皇殿院落中树干单薄的古树，枝条伸展过远而失去平衡，已经产生一侧倾斜的古树，做单向人字支撑；树干粗壮的古树，为了保证支撑的牢固性能，采取了刚硬支撑加固，选择钢管作为支撑材料，于紧靠树冠下端的部位将杆件结扎，做四角支撑。同时为了实现良好的景观效果，给钢管支撑做一层仿木材质的外表皮，质感、色彩都接近古树的枝干，不致支撑与古树产生对比明显的违和感，如图K4-3-11。

经过对寿皇殿组群院落铺装、排水沟、地下涵洞的处理，树池的改进等一系列措施，院内古树的长势已有了明显改善。对比2015年修缮之前与2018年整体修缮、改善后，古树的生长势头明显好转，宿存量增加，树叶发黄现象也明显减少。

第四节 结语

在地下水资源超采，水污染严重的情况下，借鉴古代团城的排渗原理，结合景山自身情况，寿皇殿的古树保护措施对园林建设中古树保护与园林节水用水的现实应用起了很好的示范作用，从文物保护的视角做好了古树养护与复壮工作，并符合节水型园林的发展道路。景山作为珍贵的自然和文化遗产，如何使景山寿皇殿古树完好生长值得我们不断深入思考与实践。这一实践的良好成果表明，前人给我们留下的不仅是科学合理的理水技术，更是几百年前对待生态的保护态度，其中的保护思想和天人合一的价值观值得我们不断学习回采。

图K4-3-10 树池扩建（左）

图K4-3-11 古树仿生支撑（右）

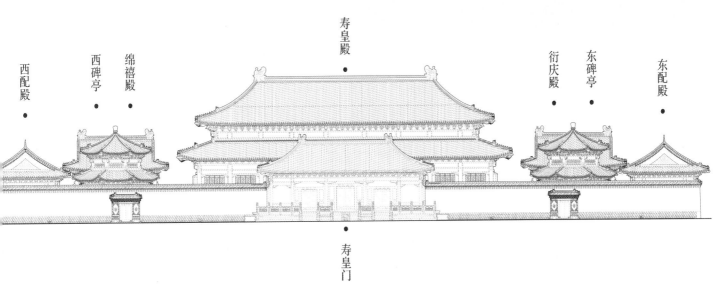

西配殿 · 西碑亭 · 绵禧殿 · 寿皇殿 · 衍庆殿 · 东碑亭 · 东配殿 ·

寿皇门 ·

大 事 记

Events

寿皇殿建筑群修缮工程大事记

2010年

3月31日，国家文物局批复寿皇殿建筑群修缮立项。

4月15日，收到北京市文物局《关于对景山寿皇殿建筑群修缮工程立项的复函》，如图D1-1-1。

图D1-1-1 北京市文物局《关于对景山寿皇殿建筑群修缮工程立项的复函》

2014年

3月19日、5月19日，召开景山寿皇殿建筑群修缮工程方案专家论证会，聘请专家王仲杰、刘大可、李永革、张克贵等，就寿皇殿建筑群修缮方案进行了论证。

7—9月，天津大学建筑学院对寿皇殿建筑群现状进行信息化测绘。

12月17日，完成景山寿皇殿建筑群修缮工程设计招标，中标单位为北京华宇星园林古建设计所。

11月3日，景山寿皇殿建筑群外院南墙修缮工程动工。

图D1-1-2 北京市文物局《关于景山寿皇殿建筑群文物修缮工程方案核准意见的复函》

2015年

4月21日，寿皇殿建筑群南墙修缮工程竣工。

4月28日，得到北京市文物局下发《关于景山寿皇殿建筑群文物修缮工程方案核准意见的复函》，如图D1-1-2。

7月27日，北京市文物局下达补助资金项目实施工作的通知。

7月29日，北京市财政局下达文物保护专项资金的函。

8月3日，在北京市方正公证处进行"景山寿皇殿建筑群修缮工程"施工及监理招投标代理机构选取活动。

8月11日，在北京市财政政府采购系统中完成采购立项申报工作。

8月20日，在北京市财政政府采购系统中点选完成招投标代理公司。

8月25日，向北京市公园管理中心提交政府采购立项申报表。

9月4日，向北京市公园管理中心上报施工及监理招标公告。

9月23日，向北京市公园管理中心上报招标公告内容审定的请示。

9月28日，北京市公园管理中心批复招标公告相关内容。

10月8日，向北京市公园管理中心上报招标文件电子版。

10月20日，向北京市公园管理中心上报施工招标工作的请示。

10月31日，北京市公园管理中心批复施工招标工作。

11月5日，北京市文物局批复施工招标公告，同时发布施工招标公告。

11月6日，北京市公园管理中心下达批复监理招标工作相关事宜的函。

11月16日，北京市文物局批复监理招标公告，同时三网发布监理招标公告。

11月18日，投标单位现场踏勘。

11月19日，投标单位提交答疑文件。

11月23日，发布施工招标文件补充文件。

12月1日，发布监理招标文件补充文件。

12月4日，监理开标、评标。

12月8日，施工开标、评标。

12月11日，向北京市公园管理中心上报监理和施工招标结果公示的请示。

12月14日，北京市公园管理中心发来监理、施工招标结果公示相关事宜的函。

12月15日，三网发布监理中标公告、施工中标公告。

12月22日，北京市公园管理中心发来监理和施工招标结果公示的批复。

12月23日，勘察费单一来源进行专家论证会。

12月24日，向北京市公园管理中心上报《景山公园关于景山寿皇殿建筑群修缮工程勘察项目单一来源采购结果公示的请示》。

12月28日，向中标单位北京东兴建设有限责任公司发布中标通知书。

2016年

1月8日，景山公园管理处与北京方亭工程监理有限公司签订监理合同。

3月25日，景山公园管理处与北京东兴建设有限责任公司签订施工合同。

4月5日，北京市文物工程质量监督站领导视察现场，提出相应要求。

4月5日，完成市文物局开工注册。

4月5日，向市园林局申报建设项目避让保护古树名木手续。

4月11日，景山寿皇殿建筑群修缮工程开工，各殿座屋面开始陆续揭瓦，清理灰背。

4月19日，甲方组织设计方、施工方、监理方进行设计交底，公园管理中心领导参加指导，如图D1-1-3。

4月20日，完成寿皇殿施工现场不可移动文物与古树保护。

4月22日，召开第一次监理例会。

4月26日，建设方、设计方、监理方、施工方到瓦厂考察。

4月28日，搭设大修工程拍摄记录专用脚手架。

4月30日，国家文物局领导视察现场，指导工作。

5月8日，发现神厨金步装修，拟调整修缮方案，如图D1-1-4。

5月10日，北京市园林局检查古树保护情况。

6月16日，北京市公园管理中心党组视察工地现场，提出意见和建议，如图D1-1-5。

7月13日，北京市文物局委派实验室提取施工材料进行检测。

8月1日，北京市文物工程质量监督站领导检查施工质量情况。

8月2日，国家文物局领导视察工地施工情况。

8月2日，寿皇殿大殿防雨大棚搭设完毕，如图D1-1-6。

图D1-1-3 建设方、监理方、设计方、施工方举行设计交底会

图D1-1-4 发现神库金步装修彩画遗存

图D1-1-5 北京市公园管理中心党组视察工地现场

图D1-1-6 寿皇殿风雨大棚搭设完毕

8月9日，北京市安监局检查工地安全措施情况，如图D1-1-7。

9月1日，东西值房熏蒸除虫。

9月26日，施工方组织监理方、设计方及建设方检查瓦件加工进度。

10月15日，北京市安监局检查工地安全施工情况。

10月30日，寿皇殿建筑群院落地下基础设施管线勘察结束。

11月10日，寿皇殿挑顶至大木结构，发现光绪时期上梁彩画。

11月15日，寿皇殿建筑群修缮进入冬季停工期。

2017年

3月15日，寿皇殿建筑群修缮工程恢复施工。

4月，开始揭墁寿皇殿外院御路和室外地面。

6月28日，寿皇殿大殿正脊合龙，如图D1-1-8。

11月8日，各殿座油饰彩画完工。

11月9日，寿皇殿大殿挂匾，如图D1-1-9。

11月30日，寿皇殿建筑群修缮工程竣工。建设单位、监理单位、设计部门、施工单位对景区内土建、油饰、内檐装修等进行整体验收，如图D1-1-10。

图D1-1-7 北京市安监局视察工地现场（左）

图D1-1-8 寿皇殿大殿正脊合龙（右）

图D1-1-9 寿皇殿大殿挂匾（左）

图D1-1-10 建设方、监理方、施工方、设计方组织竣工验收（右）

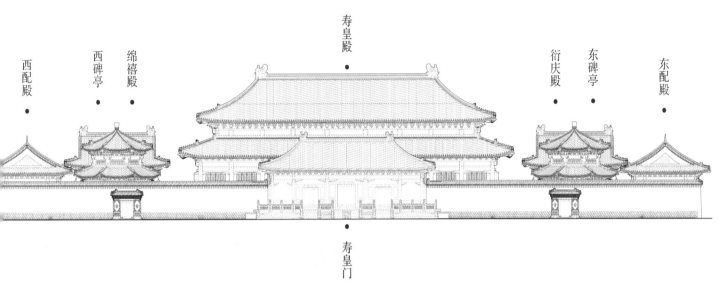

西配殿 · 　西碑亭 · 　绵禧殿 · 　　寿皇殿 · 　　衍庆殿 · 　东碑亭 · 　东配殿 ·

· 寿皇门

图 纸 篇

Figures

景山寿皇殿建筑群参加测绘人员名单

教师

王其亨、白成军、张凤梧、杨 菁、张 龙、何蓓洁

辅导员

来 琳、谢 舒

本科生

2012级：宋 文、王楚瑶、王 尧、白 丹、刘晗之、雷琳馨、李 牧、王 储、冉子嶙、郭永健、
杜邦国、张佳欣、曾昱程、黄昱锟、魏万豪、刘琦蕾、邓惠予、薄 珏、吉瀚林、王春艺、
刘克嘉、刘 畅、蒋洒洒、田英祯、潘艾婧、沈 季、高翔宇、张 宇、谢成溪、吴 凡、
梁 露、黄兰琴、王思琦、张 航、曾 韵、李佳泊、边玉麒、邱 彤、任爱婕、张书涵、
张浩然、张 欢、赵星宇、奚雪晴、钟 升、尹波宁、王 茜、仝存平、董韵笛、贺 妍、
美 乐

2013级：蔡焱南

2014级：冯兰萌、龙治至、魏逸忱、王东辉、李 利、马培铨、陈 鹏、刘欣佳、李子昂、宋晨阳、
杜兴科、董鑫伟、康鑫宇、罗海亮、赵文昊、郭 强

2015级：张栖宁、刘宇珩、王爱嘉、刘雨卿、谭凯家、牛宇豪、王济时、谢靖嵘、余思苇、闫方硕、
陈 怡、龚江宇、胡振宇、李栋钰、运乃博、欧士銮

硕士研究生

2013级：梁 璐、李程远、韩 涛、张雨奇、荣 幸

2014级：徐 丹、赵蓬雯、王 齐、肖芳芳、马胜楠、李东遥

2015级：周悦煌、杨 洁、付蜜桥

2016级：张煦康、张净妮

博士研究生

2016级：王笑石

摄影测量：李 哲、张 文、邵浩然、闫 宇、吴晓冬

技术人员：张志强、张志勇、李 港

此次出版图纸整理人员

图纸审阅：王其亨、张凤梧、杨 菁、张 龙

图纸整理修改：周悦煌、张煦康、杨 洁、付蜜桥、林 涛、王宏伟、钱一畅、马晓菡、王涯琪、
刘凯旋、庞 磊、曹博雅、刘 洋、祁 爽、赵欣宜、童成蹊

景山公园管理处：丛一蓬、宋 愷、陈艳红、邹 雯、张平水、都艳辉、李 宇

1. 测绘图

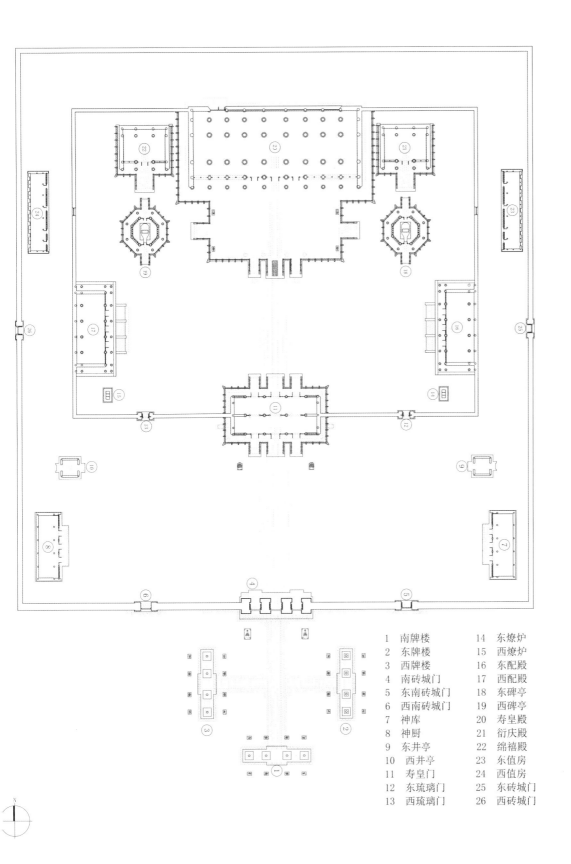

1	南牌楼	14	东燎炉
2	东牌楼	15	西燎炉
3	西牌楼	16	东配殿
4	南砖城门	17	西配殿
5	东南砖城门	18	东碑亭
6	西南砖城门	19	西碑亭
7	神库	20	寿皇殿
8	神厨	21	衍庆殿
9	东井亭	22	绵禧殿
10	西井亭	23	东值房
11	寿皇门	24	西值房
12	东琉璃门	25	东砖城门
13	西琉璃门	26	西砖城门

图T1-1-1 景山寿皇殿建筑
群总平面图

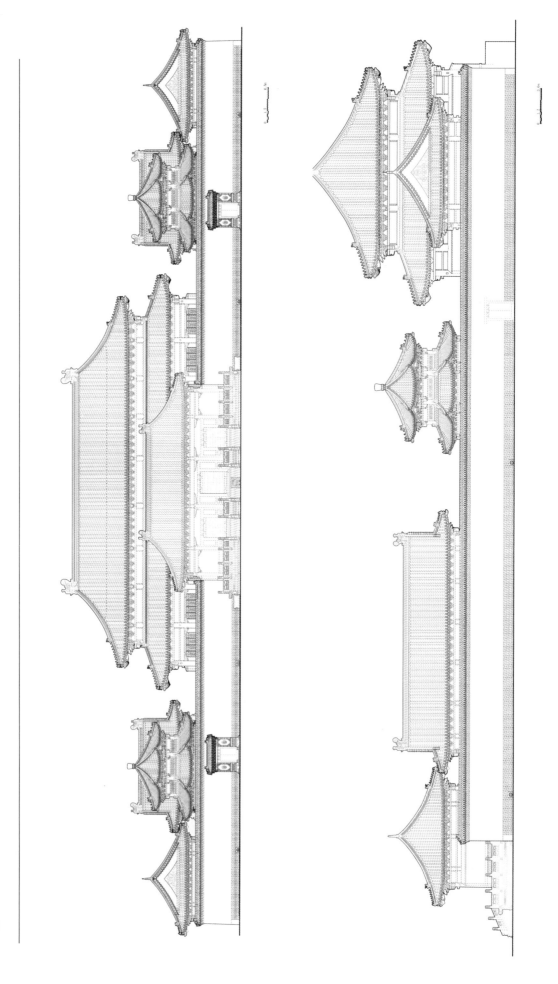

图T1-1-2 内院南立面图
（左）

图T1-1-3 内院东立面图
（右）

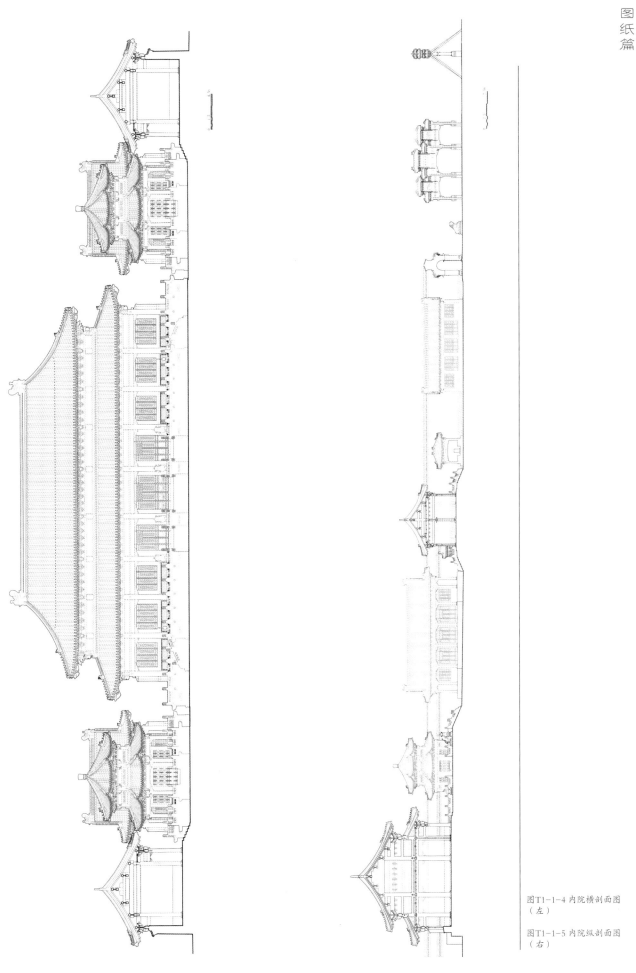

图T1-1-4 内院横剖面图
（左）

图T1-1-5 内院纵剖面图
（右）

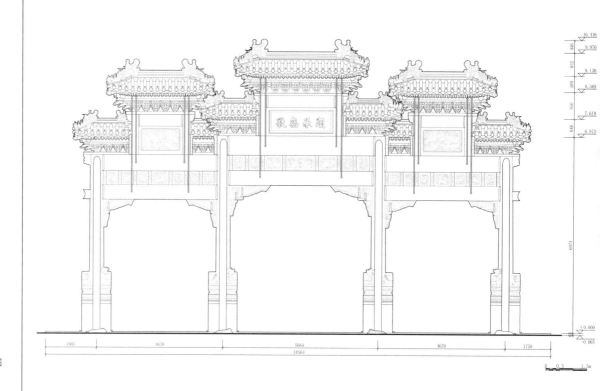

图T1-1-6 牌坊正立面图

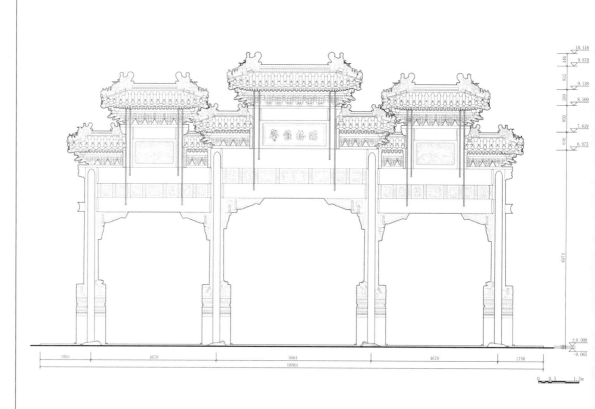

图T1-1-7 牌坊背立面图

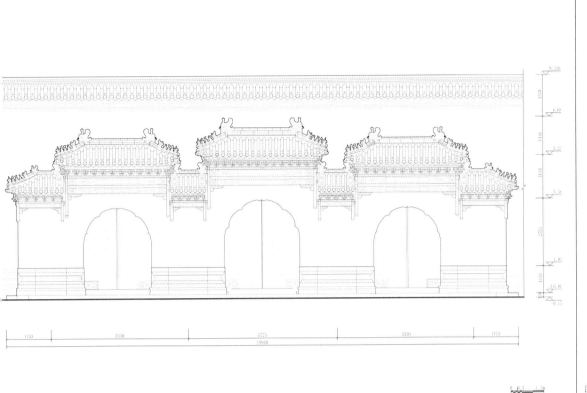

图T1-1-8 南砖城门正立面
图

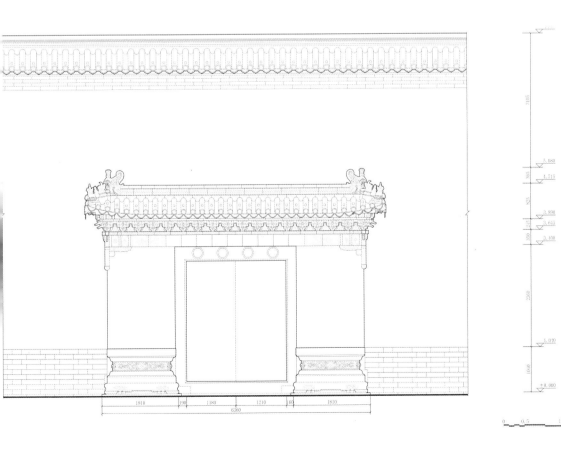

图T1-1-9 东南砖城门正立
面图

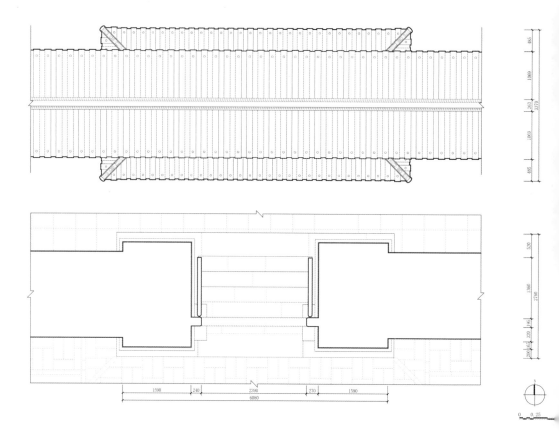

图T1-1-10 东南砖城门平
面图、屋顶平面图

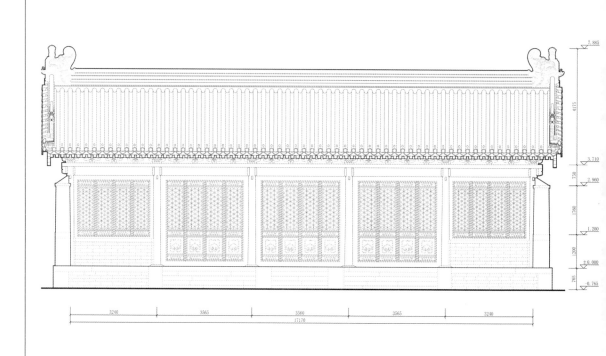

图T1-1-11 神库正立面图

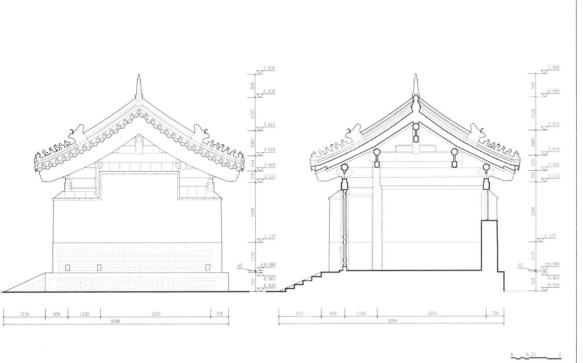

图T1-1-12 神厨侧立面、
横剖面图

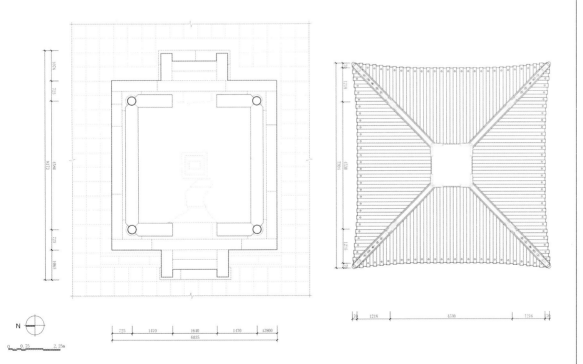

图T1-1-13 东井亭平面图、
屋顶平面图

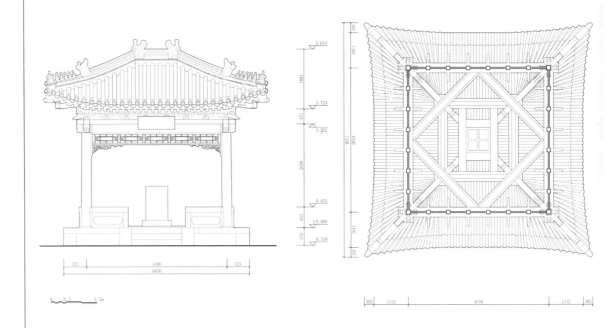

图T1-1-14 东井亭梁架仰
视、正立面图

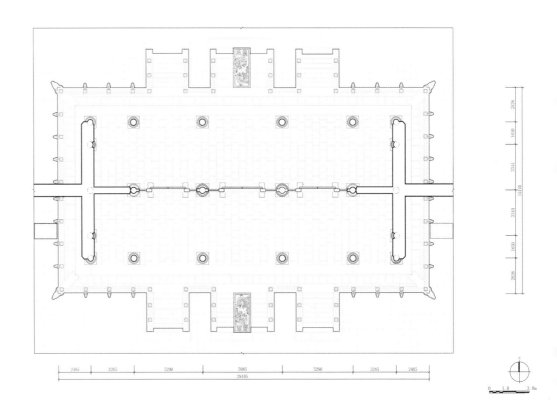

图T1-1-15 寿皇门平面图

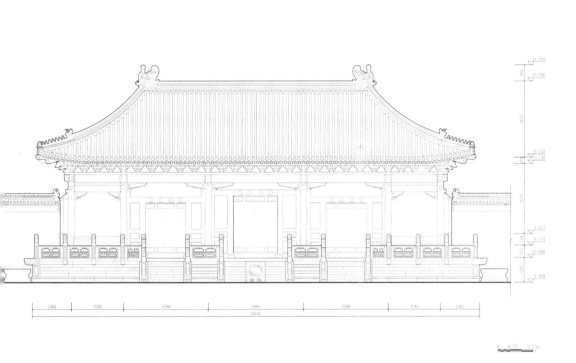

图T1-1-16 寿皇门南立面图

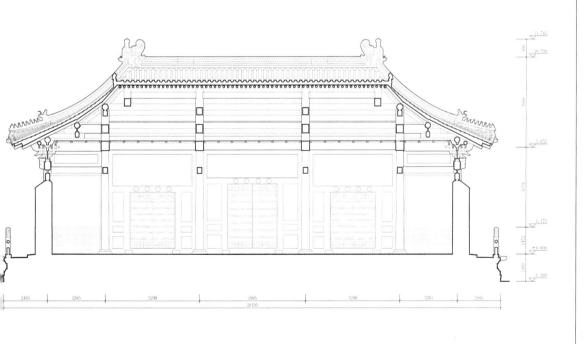

图T1-1-17 寿皇门纵剖面图
（北向）

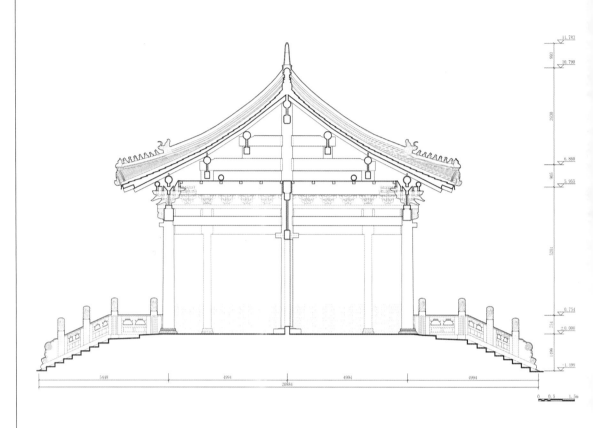

图T1-1-18 寿皇门稍间横剖面图

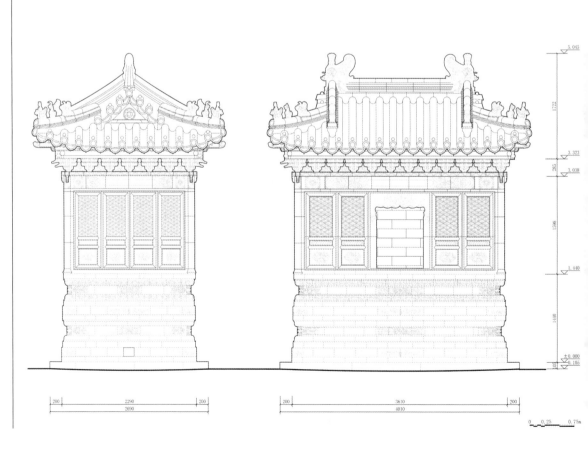

图T1-1-19 东燎炉立面图

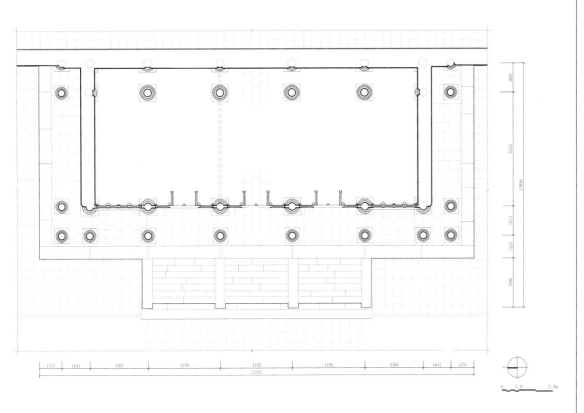

图T1-1-20 东配殿平面图

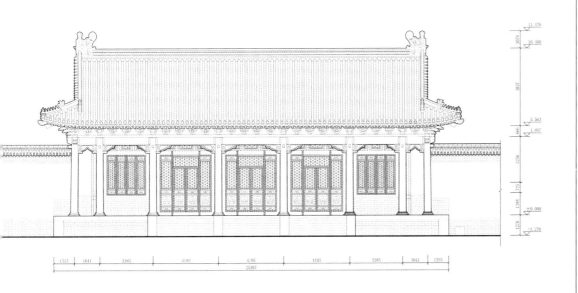

图T1-1-21 东配殿正立面
图

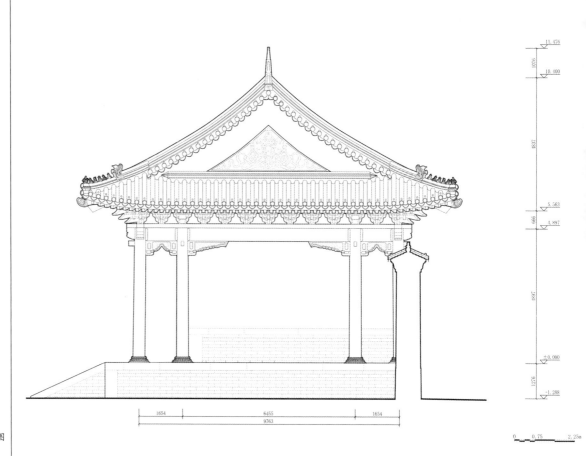

图T1-1-22 东配殿侧立面图

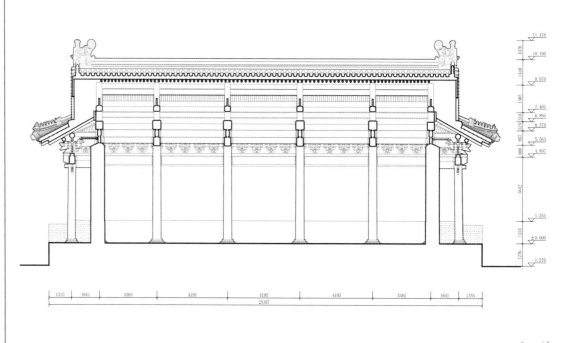

图T1-1-23 东配殿纵剖面图

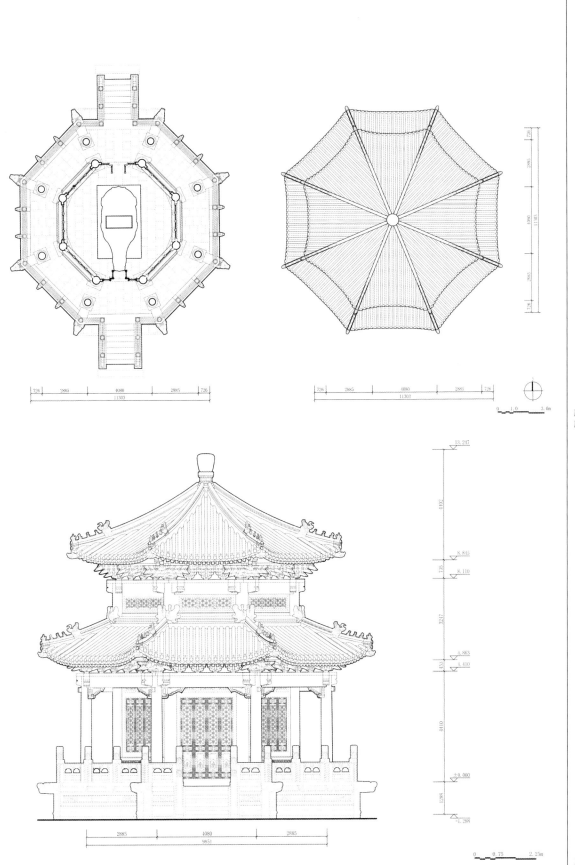

图T1-1-24 东碑亭平面
图、上檐屋顶平面图

图T1-1-25 东碑亭正立面图

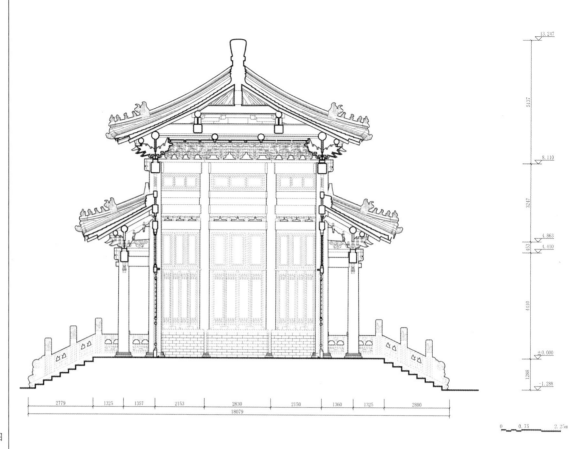

图T1-1-26 东碑亭横剖面图

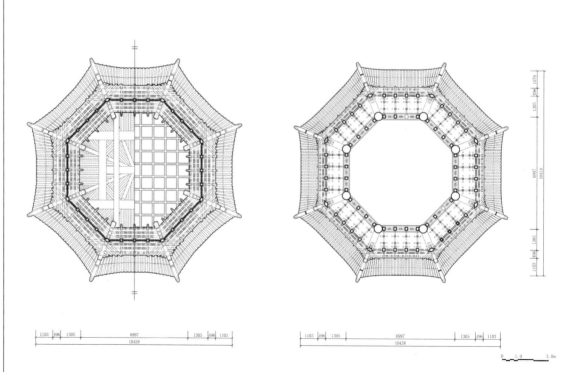

图T1-1-27 东碑亭上下檐
梁架仰视图

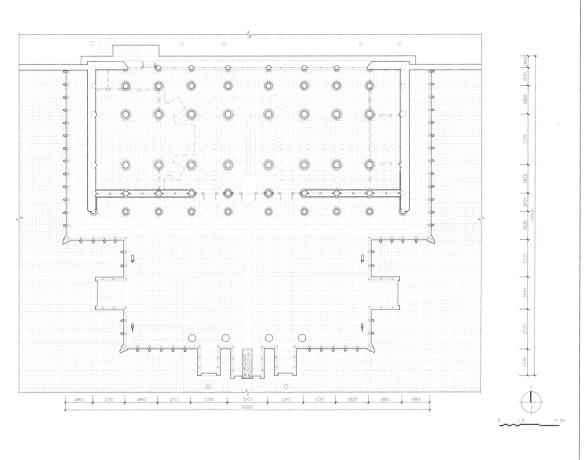

图T1-1-28 寿皇殿平面图

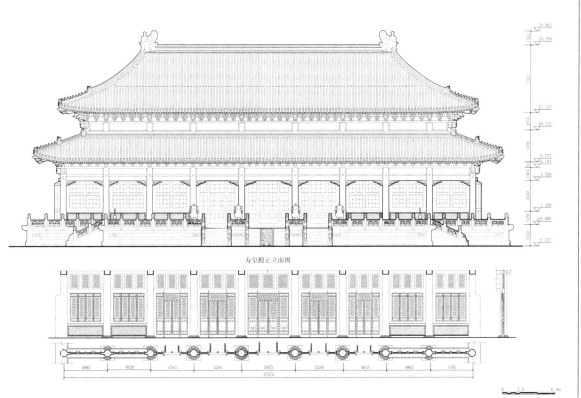

寿皇殿正立面图

图T1-1-29 寿皇殿正立面图

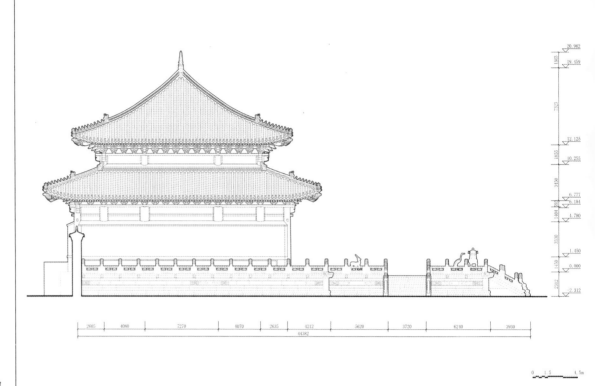

图T1-1-30 寿皇殿侧立面

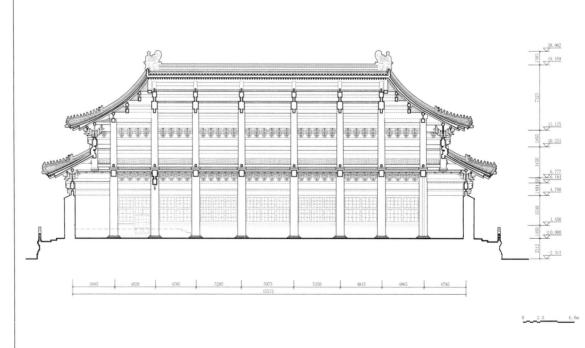

图T1-1-31 寿皇殿剖面图

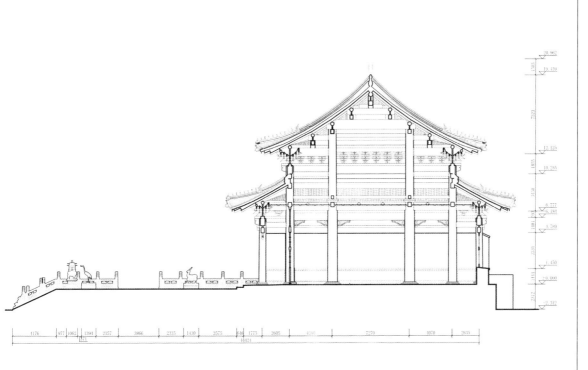

图T1-1-32 寿皇殿明间横
剖面图

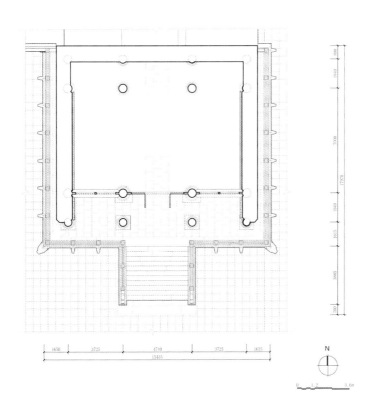

N

图T1-1-33 衍庆殿平面图

231

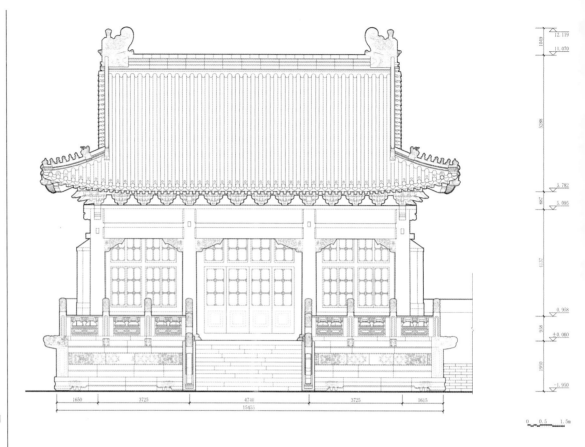

图T1-1-34 衍庆殿正立面图

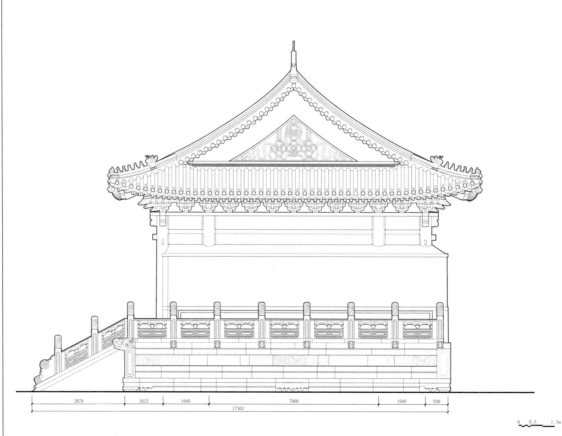

图T1-1-35 衍庆殿侧立面图

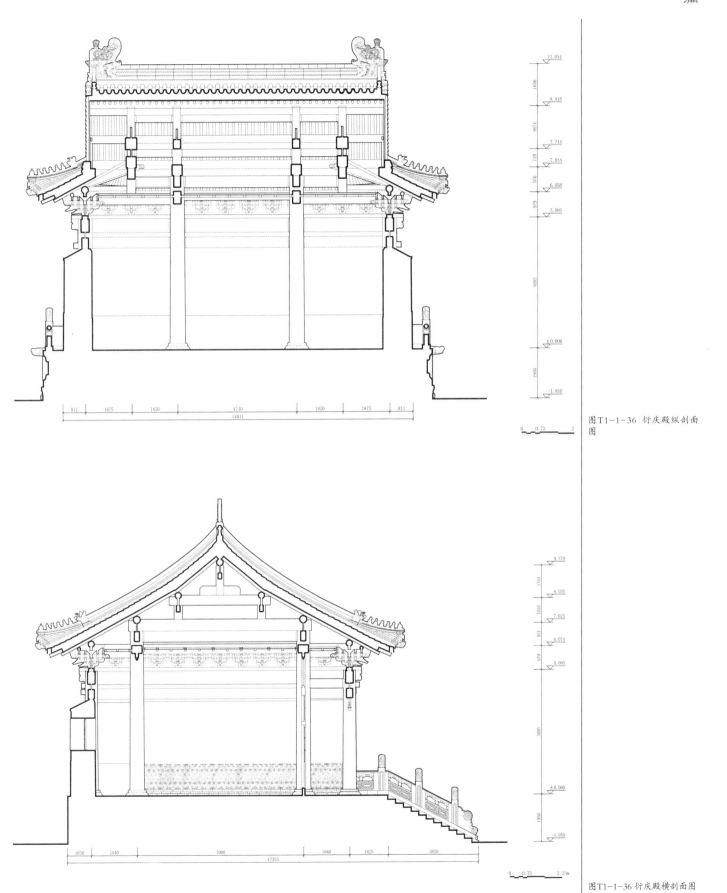

2. 点云图

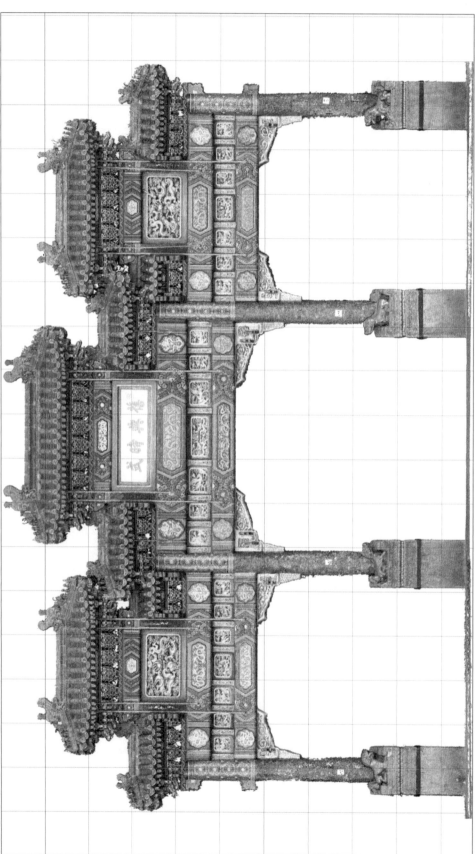

注：网格尺寸为1m×1m

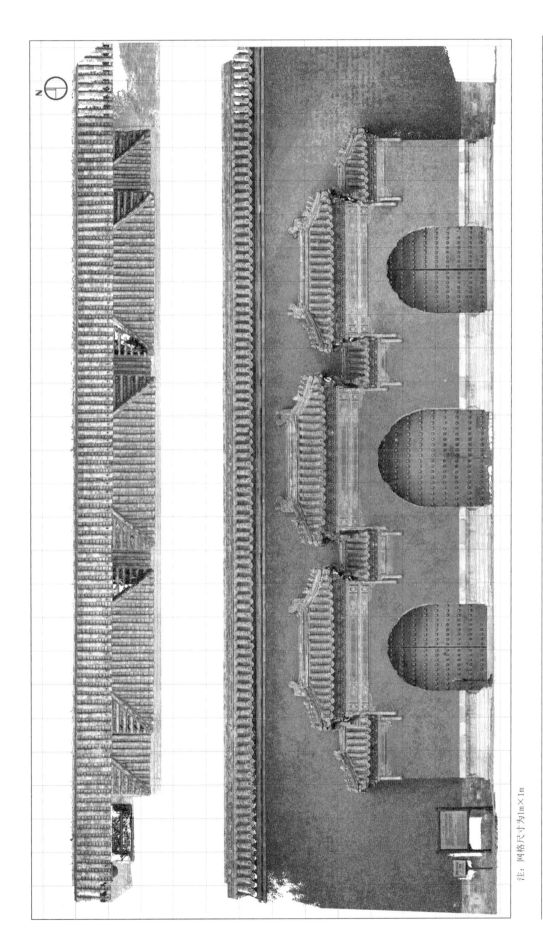

注：网格尺寸为1m×1m

图T1-2-2 琉璃门俯视图、
南立面图

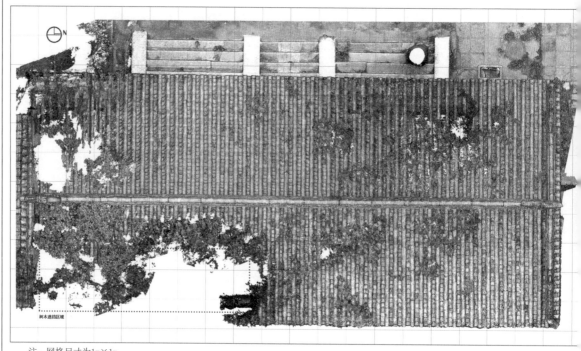

图T1-2-3 一进院东配殿俯视图

注：网格尺寸为1m×1m

图T1-2-4 一进院东配殿西立面图

注：网格尺寸为1m×1m

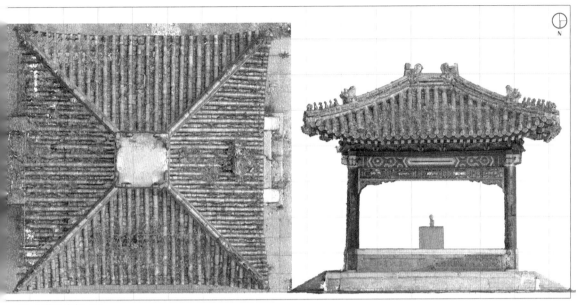

图T1-2-5 井亭俯视图、北立面图

注：网格尺寸为1m×1m

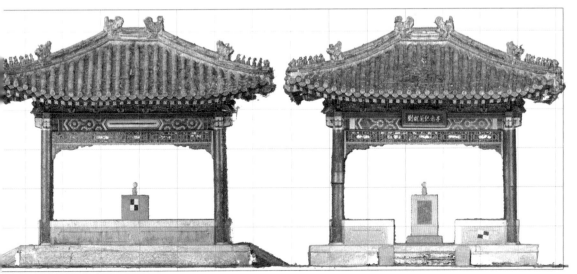

注：网格尺寸为1m×1m

图T1-2-6 井亭南、西立面图

　注：网格尺寸为1m×1m

图T1-2-8 寿皇门北立面图　注：网格尺寸为1m×1m

注：网格尺寸为1m×1m

图T1-2-9 随墙门俯视图、
南立面图

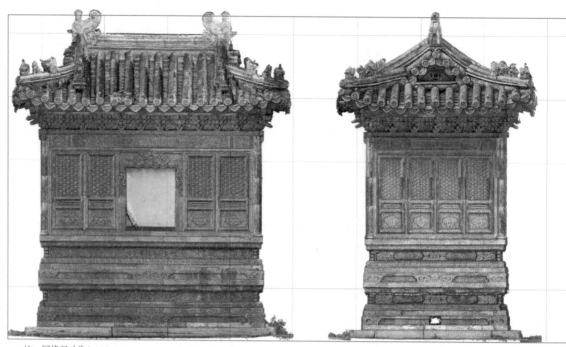

图T1-2-10 燎炉西、北立面
图

注：网格尺寸为1m×1m

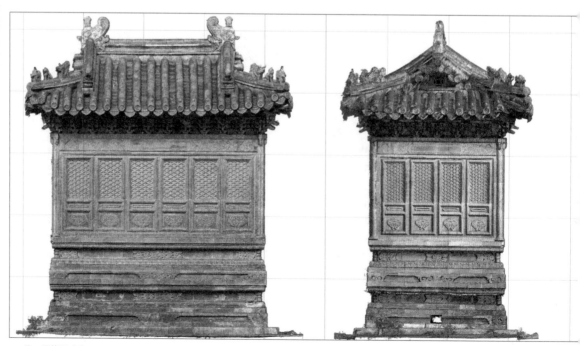

图T1-2-11 燎炉东、南立面
图

注：网格尺寸为1m×1m

注：网格尺寸为1m×1m

图T1-2-12 二进院东配殿立
面点云扫描图

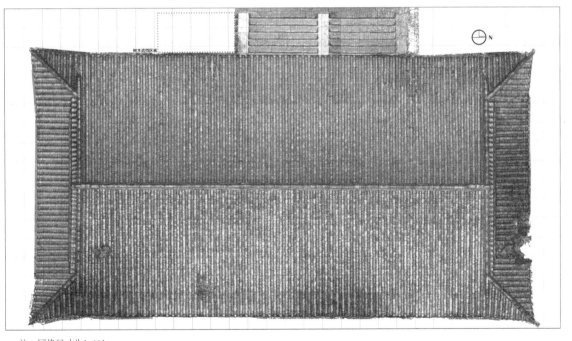

注：网格尺寸为1m×1m

图T1-2-13 二进院东配殿屋
顶平面图

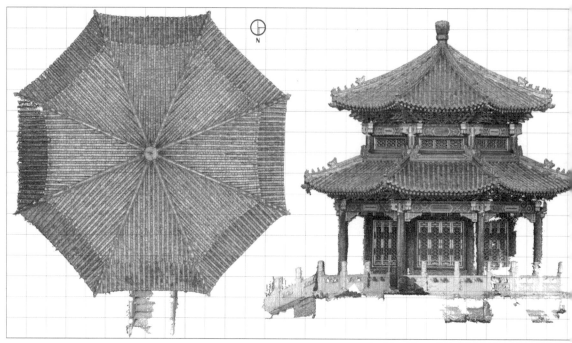

图T1-2-14 八角亭俯视图、
西立面图

注：网格尺寸为1m×1m

图T1-2-15 八角亭西立面点
云扫描图

注：网格尺寸为1m×1m

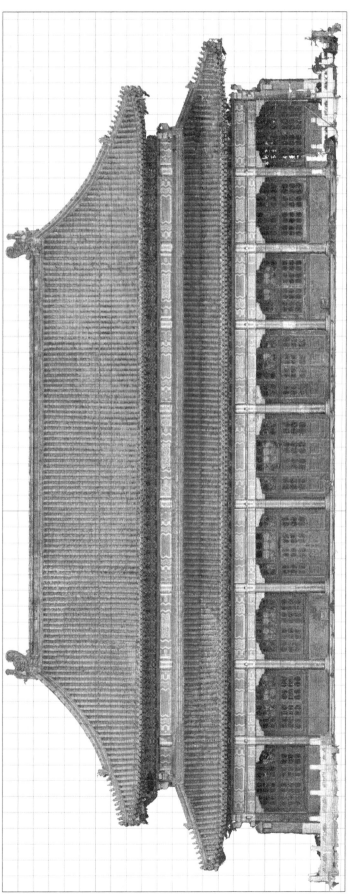

注：网格尺寸为1m×1m

图T1-2-16 寿皇殿南立面图

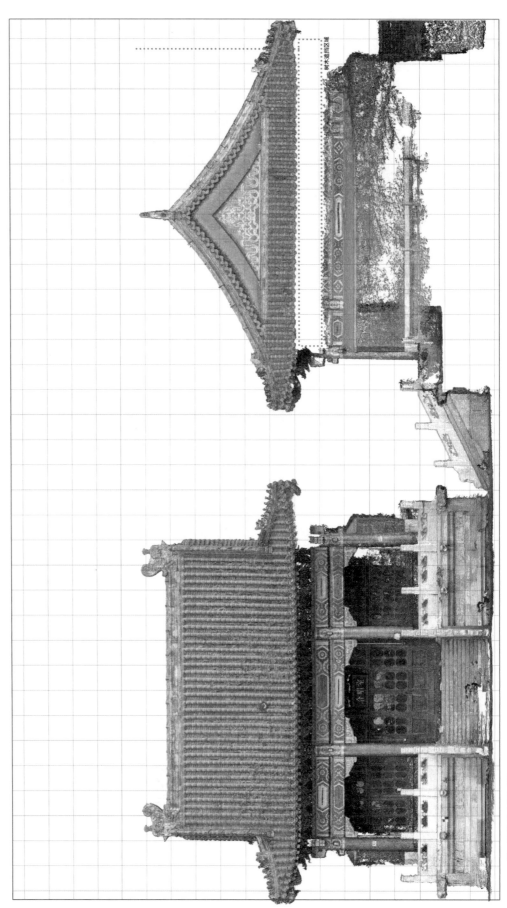

注：网格尺寸为1m×1m

图T1-2-17 寿皇殿东朵殿
南、东立面图

参考文献

Reference

[1] 刘若愚. 明宫史[M]. 北京：北京出版社，1963.

[2] 刘若愚. 酌中志[M]. 北京：北京古籍出版社，1994.

[3] 蒋德璟. 悫书[M]. 厦门：鹭江出版社，2015.

[4] 孙承泽. 春明梦余录[M]. 北京：北京古籍出版社，1992.

[5] 孙承泽. 天府广记[M]. 上海：上海古籍出版社，1995.

[6] 昆冈等. 钦定大清会典图[M]. 影印清光绪石印本，2006.

[7] 清实录[M]. 北京：中华书局，1991.

[8] 鄂尔泰，张廷玉，等. 国朝宫史[M]. 左步清，校点. 北京：北京古籍出版社，1987.

[9] 赵之恒，牛耕，巴图，等. 大清十朝圣训[M]. 北京：燕山出版社，1998年.

[10] 故宫博物院. 钦定总管内务府现行则例[M]. 海口：海南出版社，2000.

[11] 郭成康. 清史编年·第五卷（乾隆朝·上）[M]. 北京：中国人民大学出版社，2000.

[12] 于敏中，等. 钦定日下旧闻考[M]. 北京：北京古籍出版社，1994.

[13] 大清五朝会典[M]. 北京：线装书局，2006.

[14] 张廷玉，等. 清朝文献通考[M]. 杭州：浙江古籍出版社，1988.

[15] 钦定礼部则例[M]. 台北：成文出版社，1966.

[16] 中国第一历史博物馆，雍和宫管理处. 清代雍和宫档案史料[M]. 北京：中国民族摄影
    艺术出版社. 2004.

[17] 中国第一历史档案馆. 康熙起居注[M]. 北京：中华书局，1984.

[18] 中国第一历史档案馆. 雍正朝起居注册[M]. 北京：中华书局，1993.

[19] 中国第一历史档案馆. 乾隆帝起居注[M]. 北京：中华书局，2002.

[20] 中国第一历史档案馆. 嘉庆帝起居注[M]. 桂林：广西师范大学出版社，2006.

后记

Postscript

　　经过各方精诚协作，在文物古建专家张克贵、王仲傑、刘大可、李永革、袁朋等专家的帮助下，国家文物局、北京市文物局、北京市公园管理中心领导的关心指导下，历时一年六个月的景山寿皇殿修缮工程圆满结束了。在此，对关心、支持寿皇殿建筑群修缮工程的专家、领导表示感谢！

　　为保护和传承建筑修缮的工艺技术和历史信息，深化景山寿皇殿的价值认知，景山公园管理处与天津大学建筑学院密切合作，在修缮过程中及时收集各种信息资料，开展相关课题研究，并决定合作编纂《景山寿皇殿大修实录》。

　　实录的编纂自2017年12月开始，至2019年5月结束，出版期间又逢疫情阻隔2年，其间得到了北京市公园管理中心、景山公园管理处、天津大学建筑学院领导的大力支持。北京华宇星园林古建设计所、北京东兴建设有限责任公司、北京方亭工程监理有限公司等单位为本书提供了大部分修缮技术图纸、数据和照片等资料。景山公园基建科、文研室提供了大量历史资料。天津大学出版社为该书的审校、排版、印刷加班加点。另外，相关科研和记录工作得到了"文物建筑测绘研究国家文物局重点科研基地（天津大学）"、天津大学智能与计算学部的鼎力相助。在此向对《景山寿皇殿大修实录》编辑出版给予相关帮助的单位和个人表示感谢！

　　经过近六年的努力，《景山寿皇殿大修实录》即将付梓，但关于寿皇殿历史研究、科学价值挖掘、文物信息管理与展示的工作才刚刚起步，仍需继续向前推进，在此也祈望各界专家和领导给予持续的关注与支持！

　　由于时间仓促，编者能力有限，文中疏漏之处在所难免，在此恳请各界专家和领导批评指正！

《景山寿皇殿大修实录》编纂小组

2021年11月